佩雷尔曼的天空

—— 刘攀 编著

华东师范大学出版社
·上海·

图书在版编目(CIP)数据

数学话剧. 佩雷尔曼的天空/刘攀编著. —上海：华东师范大学出版社,2025. —ISBN 978-7-5760-6130-7

Ⅰ.O1-49

中国国家版本馆 CIP 数据核字第 2025TP3221 号

本书出版获数学天元基金项目(项目号:12226507)和上海市核心数学与实践重点实验室项目(资助号:No. 22DZ2229014)的支持

SHUXUE HUAJU PEILEIERMAN DE TIANKONG

数学话剧·佩雷尔曼的天空

编 著 者 刘 攀
总 策 划 孔令志
责任编辑 石 战
特约审读 李 航
责任校对 姜 峰 时东明
装帧设计 何莎莎

出版发行 华东师范大学出版社
社　　址 上海市中山北路 3663 号 邮编 200062
网　　址 www.ecnupress.com.cn
电　　话 021-60821666 行政传真 021-62572105
客服电话 021-62865537 门市(邮购)电话 021-62869887
地　　址 上海市中山北路 3663 号华东师范大学校内先锋路口
网　　店 http://hdsdcbs.tmall.com

印 刷 者 上海锦佳印刷有限公司
开　　本 787 毫米×1092 毫米 1/16
印　　张 9.75
插　　页 2
字　　数 188 千字
版　　次 2025 年 6 月第 1 版
印　　次 2025 年 6 月第 1 次
书　　号 ISBN 978-7-5760-6130-7
定　　价 48.00 元

出 版 人 王 焰

(如发现本版图书有印订质量问题,请寄回本社客服中心调换或电话 021-62865537 联系)

序 言

华东师范大学的师生们这些年来组织排演了不少优秀的数学文化话剧。同学们青春的身影与数学家的传奇故事交相辉映,有趣味也很有感染力。《佩雷尔曼的天空》就是其中之一。很高兴得知,由刘攀编著的《数学话剧·佩雷尔曼的天空》从剧本变成书籍,可以让更多人了解佩雷尔曼的传奇经历,感受数学的魅力。

进入千禧年之后不久,佩雷尔曼完成了对举世瞩目的庞加莱猜想的证明,他也因这一重大数学猜想的破解以及他的独特个性变得更加为人所关注。回想起我与佩雷尔曼的初识,是在1993年。当时佩雷尔曼在纽约大学库朗研究所担任一个长期访问职位,那时候我也正好在库朗担任教职,我经常开车带着佩雷尔曼一起去普林斯顿大学听报告,一起讨论数学。再之后他便回到了俄罗斯。佩雷尔曼沉寂了很长一段时间,都没有消息。2002年,佩雷尔曼一鸣惊人地在arXiv网站上贴出了解决庞加莱猜想的论文,他发邮件给我告知他新贴的论文。那时候我已经在麻省理工学院任职,看到他的论文,我马上意识到这篇文章的重要性,于是立即写信邀请他来麻省理工学院做报告并访问。佩雷尔曼来到麻省理工学院做有关庞加莱猜想证明的报告,很多人都对这项工作感兴趣但是理解起来并不容易,需要花费很多时间和精力。那段时间我和佩雷尔曼几乎每天都在一起讨论他的这项研究工作。在佩雷尔曼离开美国波士顿之前,我与他在查尔斯河边散步。查尔斯河就在麻省理工学院旁边,宁静而宽广,当时我和佩雷尔曼一边散步一边讨论他关于庞加莱猜想的工作,当然还谈及了俄罗斯数学界的一些事情。

在2003—2004学年,我在普林斯顿大学开课,讲解佩雷尔曼的工作。当时听课的人很多,其中有哥伦比亚大学教授、后来担任西蒙斯几何物理中心主任的约翰·摩根(John Morgan),他是从纽约市专程乘车来参加的。后来约翰·摩根与我合著了《*Ricci Flow and the Poincaré Conjecture*》,在这本书里,我们补足了佩雷尔曼关于庞加莱猜想证明的细节。2004年9月,我还邀请了十几位专家在普林斯顿一起召开研讨会,确认了佩雷尔曼证明的正确性。正如大家所看到的,佩雷尔曼在解决庞加莱猜想之后仿佛从公众的视野中消失了，他不仅拒绝了克雷数学研究所的百万奖金，而且也没有领取菲尔兹奖。他对奖项的拒绝，我不觉意外，这是他的真实状态。他的与世隔绝，也许亦是他正在潜心于另一个重大的数学问题。我想，"不打扰"是对佩雷尔曼的最大尊重。

回想起来，相距初次见到佩雷尔曼已近30年。我与佩雷尔曼的几次往来谈话都只与数学有关，他对于学术极为诚实严谨，忠实于数学本身，理性而冷静。佩雷尔曼对数学的纯粹热爱、对于真理的执着追求，均发自内心，不受任何物质名利所驱动和干扰。也正是佩雷尔曼的这种纯粹执着打动了许许多多人，如今他的影响力早已超出数学界。《数学话剧·佩雷尔曼的天空》一书为公众了解佩雷尔曼提供了一个独特的视角，对于数学文化的普及和推广多有裨益。我衷心地希望能有更多的人因此更加关注数学、喜爱数学！

田　刚

于北京大学镜春园

2022 年 10 月 12 日

前　言

这本小书收录了《让我们从几何原本谈起》与《佩雷尔曼的天空》两部原创数学话剧剧本,以及话剧创作背后的一些数学文化故事。

华东师范大学数学话剧的创作与实践,至今已有十余载历程。自2012年最初的作品《无以复伽》起,至2022年的《当几何原本遇见九章算术》,这十多年间,我们已创作和成功排演的原创数学话剧超过20部。令人欣喜的是,每年的数学文化活动中,有许多同学因参与话剧展演而更加喜爱数学,亦有不少同学因观看数学话剧演出而真切领略到数学文化的迷人魅力。每一次数学话剧月活动的举办,都在我们心中留下了难以磨灭的美好回忆,亦带来满满的感动。《让我们从几何原本谈起》和《佩雷尔曼的天空》,即是我们在2019年推出的两部数学话剧。

原创数学话剧《让我们从几何原本谈起》以黎曼、F. 克莱因、庞加莱等诸多著名数学家的故事绽放话剧的精彩。话剧以经典巨著《几何原本》为切入点,展现了诸多天才数学家的风采,他们才华横溢,享誉数学的世界,有多位还是国际数学舞台上最为著名的奖项——菲尔兹奖的获得者。

数学史上最为著名的猜想之一——"庞加莱猜想"的故事也在剧中缓缓绽放,从猜想的创造性提出,历经百年岁月沉淀,直至最终得到证明……

原创数学话剧《佩雷尔曼的天空》与《让我们从几何原本谈起》堪称姊妹篇,二者皆围绕"庞加莱猜想"展开。相比而言,前者对佩雷尔曼的数学人生有更多的讲述和话剧呈现——侧重于以"中学生的视角"来倾听一位天才的传奇和一个世纪以来数学上的重大突破。

正是一代代数学家奋楫数海、接力奋斗,才得以成功解决一个个的数学难题。让我们期待经由话剧生动演绎的形式,让年轻的学子们在这里相识相知,进而获得智慧与人生的启迪!

数学话剧,作为一种创新的艺术形式,不仅为数学普及与文化传播探索出全新的模式,同时也为实践数学教育和通识教育搭建了别具一格的第二课堂。以数学话剧为引领,推动文化教育与创新的融合,通过讲述相关的数学科学知识和人文故事,让青年学子亲身参与话剧演出,能够更有效地实现科学技能与人文素养的同步提升。在引导学生树立"科学自信"的过程中,数学话剧以一种"润物细无声"的方式,将可贵的团队合作精神以及科学工匠精神传递给每一位同学,助力他们全面成长。

回眸这些年数学话剧的编演历程,我们收获有诸多的感动和启迪。说实在的,我们并不专业——导演、编剧、演员都不够专业。可是,我们又有着独特的专业性——我们创作的是"数学专业领域"视角下的话剧。数学话剧赋予我们以无限的可能:在我们的团队中,有一些同学或许会是未来的数学家,他们并不擅长表演,却因为怀有普及数学和传承大师科学工匠精神的使命感,勇敢地登上了这一最为独特的舞台。在我们团队中,还有不少同学是文科专业的,他们原本对数学心存畏惧,却因为热爱表演,毅然加入这充满正能量的数学文化传播之旅中!话剧组的所有同学带着热情、专注,为着同一个主旋律而努力,这是十分可贵和动人的。在那些排练与演出的日子里,我们一道为此群策群力,最终造就那一场场话剧演出的精彩!这是数学话剧与话剧的舞台赋予我们的力量。

欧几里得、高斯、黎曼、F. 克莱因、庞加莱、米尔诺、瑟斯顿、哈密尔顿……数学的故事无穷无尽,话剧因数学而无限精彩!

这些年来,数学话剧以及相关文化传播活动之所以蓬勃发展,离不开学校和院系内外众多老师、同学的大力支持与积极推动。每一年的数学话剧活动,都有许多同事、数学文化领域的专家和朋友,通过各种方式为数学普及和文化传播贡献力量,在此,向他们致以最诚挚的感谢。2019 年 12 月初,华东师范大学数学科学学院与上海市七宝中学携手,共同开展年度数学话剧文化实践教育活动。由七宝中学的同学们演绎的《佩雷尔曼的天空》堪称精彩极了,洋溢在中学少年群体中的青春活力与情感共鸣,让我们深切感受到"原创数学话剧中学行"的巨大潜力及教育价值。

在这些年的数学话剧历程中,有太多的同学需要感谢:康维扬、卢昊宇、贾亦真、徐佳轶、李艳、王圣雅、史雅瑄……,因为太多,无法在此一一具名,他们每一个人的努力都不可或缺。在此,谨向如下的老师致以特别的谢意:汪晓勤、贾挚、谈胜利、熊斌、潘建瑜、羊丹平、范良火、汤涛……,他们既是数学话剧的热心观众,也是这一科学文化教育活动的顾问。同时,感谢华东师范大学出版社孔令志等老师的辛勤编辑工作,使本书得以如期与读者见面。

感谢中国科学院院士、北京大学田刚教授欣然为本书倾情作序,助力话剧数学普及和文化传播持续砥砺前行。

近年来,数学话剧活动得到国家自然科学基金项目、上海市科委科普项目以及华东师范大学相关经费的资助。本书的出版,得益于数学天元基金项目和上海市核心数学与实践重点实验室项目经费等的支持。在此致以衷心的感谢!

　　这两部数学话剧本依然有着不少可以再完善的空间。不管是《让我们从几何原本谈起》,还是《佩雷尔曼的天空》,每一个伟大的数学故事都值得我们反复演绎,期待它日臻完美!本书只是抛砖引玉,期待激发更多、更精彩的数学话剧作品诞生,为数学普及和文化传播注入源源不断的活力。

　　品读数学之美,漫步文化之桥。我们真诚地希望,数学话剧可以为传播数学文化,为改善数学教育,贡献绵薄之力。谢谢!

编者

于华东师大闵行校区数学馆

2022 年 12 月 10 日

目 录

序言 / i
前言 / iii

一、让我们从《几何原本》谈起 —— 001

第一幕　第一场　可能的世界 _ 002
第二幕　第一场　让我们从《几何原本》谈起 _ 008
　　　　第二场　音乐之城　莱比锡 _ 013
　　　　第三场　莱比锡与巴黎之间的对话 _ 018
第三幕　第一场　那个猜想的降生 _ 022
　　　　第二场　伟大的学者 _ 024
　　　　第三场　欢迎来到这PK的舞台 _ 028
第四幕　第一场　海滨奇迹 _ 031
　　　　第二场　高维的世界 _ 035
第五幕　第一场　来自希腊的数学苦行僧 _ 038
　　　　第二场　瑟斯顿的梦境 _ 042
第六幕　第一场　佩雷尔曼的天空 _ 049

二、佩雷尔曼的天空 —— 053

第一幕　第一场　最后的对话 _ 054
第二幕　第一场　问世间　天才为何物 _ 058
第三幕　第一场　天才的童年 _ 062
　　　　第二场　让人向往的美丽学校 _ 068
　　　　第三场　我要成为一名几何学家 _ 074
第四幕　第一场　守护的天使们 _ 077

第五幕　第一场　宇宙的形状_080

第六幕　第一场　请问，你知道《几何原本》么_085

三、话剧角 091

　Ⅰ. 庞加莱猜想——故事的漫步（一个世纪的简约历程）_093

　Ⅱ. 话剧中的科学人物_096

　Ⅲ. 话剧中的一些数学故事画片_126

　　3.1　新几何　新世界_126

　　3.2　20世纪的拓扑学简介_134

　　3.3　瑟斯顿几何化猜想与里奇流_140

　　3.4　幸福结局问题_144

参考文献 147

一、
让我们从《几何原本》谈起

第一幕

第一场　可能的世界

> 时间：2010年的某一天
> 地点：中国上海
> 人物：数学嘉宾 Ricci flow（缩写为 Rc，读作"里奇流"），柳形上（《竹里馆》节目主持人），现场观众

[灯亮处，柳形上从舞台的一边上。

柳形上　独坐幽篁里，弹琴复长啸；深林人不知，明月来相照。同学们，老师们，朋友们，晚上好！这里是华东师范大学数学文化类节目《竹里馆》的录制现场，我是主持人柳形上。欢迎你们的到来！（在掌声里稍停）

柳形上　数学是一处神秘的殿堂，数学是一座绚丽的迷宫，数学是一个奇妙的天地……《竹里馆》将引导大家漫步在这个充满想象力的世界里。在此过程中，你会遇见一些意想不到的人、物和事。在这里，你会发现一些赏心悦目的数学景点。在这里，你也会有幸遇见一些建造这些数学景点的、个性非凡的数学家，以及背后的数学故事。这些有趣的、奇特的，甚至悲壮而跌宕起伏的故事值得一听，因为这些故事，或将赋予你我以心灵的智慧和人生的启迪……（稍停）

品读数学之美，漫步文化之桥！

接下来，就让我们漫步进入《竹里馆》第一期的主题："让我们从《几何原本》谈起"。（稍加停顿）

为此，我们特地邀请了一位神秘的嘉宾来参加这一期节目。他将和我们一道来聊聊"著名的庞加莱猜想和隐藏其背后的数学故事"。大家掌声有请！

[在众人的掌声里，Rc 来到舞台上，或可配饰一些音乐。

柳形上　亲爱的里奇流先生，欢迎您来到《竹里馆》！先和下面的观众打个招呼吧。

Rc　　　　　观众朋友们晚上好！我是里奇流,很高兴来《竹里馆》做客。

柳形上　　数学的世界可能看上去很艰涩。但是,那些令人生畏的符号和等式只不过是一种语言而已,它们是记录和表达奇思妙想的工具。就像里奇流先生（指着他身上所穿文化衫上的数学符号）,这看似简单而抽象的数学字符背后,有着无比璀璨的数学故事……

Rc　　　　　是的。这背后的数学故事呀,可精彩着呢……

柳形上　　好的,那我们坐下聊。
　　　　　　〔Rc 和柳形上坐下。

柳形上　　最近啊,有一个"数学事件"特别热门。

Rc　　　　　没错！

柳形上　　今年（那是 2010 年）3 月 18 日,克莱数学研究所——一个以促进和传播数学知识为己任的研究所,对外宣布:悬赏 10 年,奖金一百万美元的千禧年数学大奖终于有了第一位获奖人！他就是俄罗斯天才数学家格里戈里·佩雷尔曼！

Rc　　　　　是的。

柳形上　　可是,他竟然拒绝了这百万美元的千禧年数学大奖！

Rc　　　　　这不奇怪！4 年前的 2006 年,佩雷尔曼同样拒绝了数学界的最高奖,菲尔兹奖！

柳形上　　这是一位数学奇才,他身上充满着谜一样的色彩,天赋卓绝,特立独行,淡泊名利！

Rc　　　　　佩雷尔曼对金钱和名誉完全没有兴趣。对他来说,最大的奖励就是证明了庞加莱猜想！最大的奖励就是证明了数学真理！

柳形上　　庞加莱猜想的证明,无疑是 21 世纪数学最伟大的成果之一。还记得,美国《科学》杂志在 2006 年 12 月 21 日公布了该刊评选出的 2006 年度十大科学进展,其中科学家证明庞加莱猜想被列为头号科学进展。

Rc　　　　　是的。

柳形上　　以法国天才数学家亨利·庞加莱的名字命名的这一猜想,已经有一百多年的历史了吧!

Rc　　嗯。庞加莱在1904年提出这样一个天才的猜想,它说的是:任何一个单连通的,闭三维流形同胚于三维球面。

〔或可在PPT上同步呈现这一猜想的如下版本:在三维空间中,如果一个封闭空间中所有的封闭曲线都可以收缩成一点,那么这个空间一定是三维球面。

百余年来,数学家们为证明这一猜想付出了艰辛和努力。

柳形上　"任何一个单连通的,闭三维流形同胚于三维球面。"我想,对底下的绝大多数观众而言,有关庞加莱猜想的这个断言,可是有点……很是高深莫测啊。

Rc　　这话不假。庞加莱猜想所在的世界,属于拓扑学,而这或许是数学中最为抽象,也是最最难懂的一门学问。

柳形上　噢?

Rc　　拓扑学之难,可以通过一个经典的数学笑话来感受感受:在拓扑学家眼中,咖啡杯和甜甜圈是一样的。(稍停,指了指PPT上的文字)而庞加莱猜想,是难题中的难题。

柳形上　噢,那……是否有什么办法让大众多少了解一下这个猜想呢?比如,为何它如此重要呢?

Rc　　庞加莱猜想可以说是"追寻宇宙形状"的数学。是的,庞加莱猜想为人们想象宇宙的可能形状提供了相应的概念和数学工具。

柳形上　噢,怎么说?

Rc　　怎么说呢?嗯,还是让我们先从一个更简单的问题谈起。请问,地球是什么形状的?

柳形上　地球是什么形状的?"地球当然是球形的!"这一点,任何一个小学生都知道!

Rc　　可是,你是怎么知道"地球是球形的"?(稍停后,补充说)或者说你是怎么知道地球的表面是一个球面?

柳形上　你可以在飞机上……或者宇宙飞船上给地球拍照!

Rc　　　没错,今天人类可以离开地球,从卫星或飞船上给地球拍照,从而知道"地球的表面是一个球面。"但在空间飞行还没有出现的时代,认为"地球的表面是一个球面"只能经由想象力了!

柳形上　（笑道）嗯,还真是。

Rc　　　在人类文明史上,许多先哲都思索过地球的形状。地球首次被理解为球体,这一故事开始于两千多年前的希腊岛屿萨摩斯。毕达哥拉斯即认为"地球是球形"。

柳形上　就是那位提出"毕达哥拉斯定理"而著名的数学家毕达哥拉斯,是么？

Rc　　　就是他! 毕达哥拉斯的观点,通过柏拉图、亚里士多德以及其他的后世科学家,顺利地流传下来。但是直到1522年麦哲伦环绕世界的旅行结束后,人们才得以确证,地球确实是球形的!

柳形上　是的,我们有理由向"像麦哲伦那样的科学探险家致敬"!

Rc　　　可是,在数学家眼里,即使在那之后,地球是否为球形仍然不是很清楚,因为或许还存在其他的可能。

柳形上　其他的可能？

Rc　　　数学家关于"可能的世界"这一问题的思考,其中最关键的思想是二维流形。他们用二维流形来模拟我们所生存的世界。

柳形上　二维流形？

[Rc 指着桌上（同时也在 PPT 上）的小型地球仪（可代之以橙子或者其他水果）和甜甜圈。

Rc　　　是的。比如说这橙子和甜甜圈的表面都是二维流形,数学家更愿意说"它们都是曲面"。在他们看来,地球的可能形状可以用橙子或者甜甜圈这样的曲面来模拟。

柳形上　噢？

Rc　　　如果地球是橙子的形状,则伸缩围绕一个橙子表面的橡皮筋,我们可以既不扯断它,也不让它离开表面,使它慢慢移动收缩为一个点。（同步经由 PPT 相关的图画来展示）

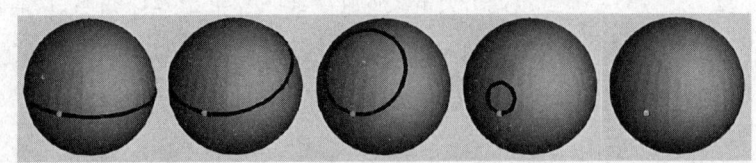

柳形上　（沉吟着）没错。

Rc　　借用数学的专用词汇:这是一个单连通的曲面。

柳形上　嗯,是的。但如果地球是甜甜圈的形状呢?

Rc　　如果地球是甜甜圈的形状,我们按同样的要求,在一个甜甜圈表面上收缩橡皮筋,那么或许没办法让它收缩成一个点。这就是说,甜甜圈不是单连通的。（同步经由PPT展示相关的图画）

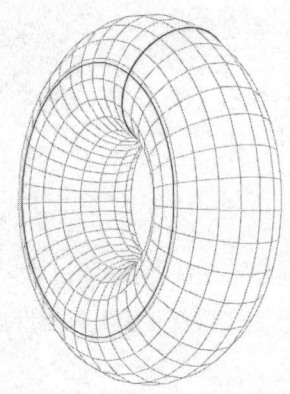

比如这个"甜甜圈"上的其中一根橡皮筋无法收缩成一个点

柳形上　（笑道）嗯,还真是。

Rc　　不管地球是球形或者其他的什么形状,都可以用一根橡皮筋来加以"证明"。数学家要做的,就是证明这个符合直觉的观点是对的。

柳形上　用一根橡皮筋即可来证明"地球是不是球形的"?数学家的想象力真是奇特啊。

Rc　　庞加莱猜想则赋予人类更进一步的思考:我们是不是可以用类似的想法来探究到宇宙的形状?而三维球面是人们能够提出关于宇宙可能形状的最简单的问题。

柳形上　嗯。

Rc　　今天，人类可以通过卫星或者宇宙飞船从外太空看到"地球是球形的"。可是，无论我们的科学技术如何发达，我们还是不可能到达宇宙之外。（稍停，继续道）那么，现在请大家思考一下：是否有一种方法，可以让我们不用踏出宇宙，就弄明白宇宙的形状？

柳形上　有什么方法呢？

Rc　　（笑道）或许，我们可以使用所谓的"宇宙火箭"，让绑着绳子的火箭在宇宙空间中不间断地自由飞行，最终绕宇宙一周再返回地球。想象一下，通过你手中握着的绳圈，你就可以知道宇宙是不是一个球体……

柳形上　这听上去有点点异想天开。

〔Rc 笑了笑，在面前的地球仪上面画了一只小小的蚂蚁，说道。

Rc　　让我们想象一下，在地球上爬行的蚂蚁，很难知道地球究竟是什么形状，因为它根本无法离开地球表面。同样，人类现在也还无法到达宇宙之外。但是，庞加莱提出了他的猜想，即使人类无法到达宇宙之外，也应当有线索让我们了解宇宙的形状。

柳形上　我好像有点懂了。

Rc　　庞加莱的设想正是仅仅通过"一根绳子"来判断宇宙到底是球体还是非球体。这本质上就是数学理论上所谓的"庞加莱猜想"。

柳形上　噢，我明白了。

Rc　　100 多年前，庞加莱将关于这个猜想正确性的论证抛向了数学界，由此导引出一个伟大的历程……

柳形上　让我们感谢天才的庞加莱先生！感谢这个数学领域中最著名、最困难，也是最美丽的猜想，它将引领我们漫步在一个曲折而奇妙的故事天空。这个曲折而奇妙的故事，或许可以从一部数学哲学的经典——《几何原本》谈起。

〔灯暗处，舞台上，两人下。随后 PPT 上出现如下字幕。

第二幕

第一场　让我们从《几何原本》谈起

> 时间：从远古走来
> 地点：古希腊 vs 欧洲
> 人物：数学思想的精灵：E, L, M, N, T, S, R

［灯亮处，舞台上出现 E, L, M, N, T, S 的身影。

E　数学是一个高贵的世界，即使是世俗的君王在这里也毫无特权。与在时间中速朽的物质相比，数学所揭示的世界才是永恒的。

L　古希腊数学直接脱胎于哲学，它使用各种可能的描述，解析我们的宇宙，使它不至于混沌、分离；它建立起物质与精神世界的确定体系，使得渺小如人类也能从中获得些许自信。

M　《几何原本》是一部伟大的数学与哲学巨著，它的作者是被称为"几何学之父"的古希腊数学家——欧几里得。

N　在《几何原本》这部大书里，欧几里得建立了人类历史上第一座宏伟的演绎推理大厦，利用很少的自明公设、公理、定义，推演出 400 多个命题，将数学的理性之美展现到了极致。

T　在赫拉克利特和亚里士多德开启了逻辑理论之后，欧几里得创造了数学演绎体系的典范。自它诞生之日起，《几何原本》就被视为人类锻炼和培养逻辑理性的最杰出，甚至唯一的教本，它也是这个世界所能找到的最美丽的逻辑剧本。

S　希腊数学，是伟大的希腊人向宇宙秩序射出的光芒。希腊数学，可谓是世上最热情洋溢的诗篇。《几何原本》与其说是数学著作，不如说是描述宇宙的诗歌之舞，是一种高贵的哲学！伴随时间的舞步，它从遥远的古希腊时代走来！

E　在欧几里得几何学的世界里，平行线的故事简单而纯粹：给定直线 l 以及直线外一点 P，过点 P 有且只有一条直线与已知直线 l 平行（不相交）！

L　在欧几里得几何学的世界里，三角形们总是展现其如下的动人诗篇：每一个三角形的内角和都等于180度！

M　在欧几里得几何学的世界里，所有三角形都具有外接圆！

N　对所有的圆来说，其周长与直径之比均相同！无论这些圆大或者小！

T　在欧几里得几何学的世界里，存在一对相似但不全等的三角形。

S　"在欧氏几何学的奇境里，任何一个直角三角形的两条直角边的平方和等于斜边的平方！"著名的毕达哥拉斯定理如是说！

E、L、M、N、T、S　（上面的）这些被收藏在欧几里得几何宝库里的结论，都等价于《几何原本》中的第五公设。因此这些结论相互间也都是等价的。你可以通过其中的任何一个，推出另外一个。因为它们都等价于欧几里得的第五公设。

E　可是，有意思的是，从其问世之日起，第五公设就因为太复杂而被批评。

M　其他几条公设清晰、易于陈述、不证自明；与它们相比，第五公设看起来复杂，并且丑陋。

T　你需要仔细读几分钟才知道它说的是什么：如果一条直线与另外两条直线相交，在该直线同侧交成的内角和小于两直角，那么无限延伸这两条直线，它们将会在内角和小于两直角的一侧相交。

L　"这不是公设。而是定理。"希腊哲学家与数学家普罗克洛斯如是说！并且，他试图证明这一点。

N	此后,有许多许多数学家亦加入找寻证明第五公设之旅!他们来自各自的国度,他们跨越不同的时代。
S	乔瓦尼·萨凯里,亚伯拉罕·克斯特纳,约翰·海因里希·兰伯特,阿德里安·马里·勒让德是这些数学家中最杰出的代表!可是即便是他们的证明,也没有经受住最为严格的审查。数学依然在等待新世纪的天才来厘清第五公设的地位和它所隐藏的财富。
E、L、M、N、T、S	当时间的步履来到19世纪20年代,数学的舞台迎来了一位奇特的舞者,它的名字叫作非欧几何。高斯、罗巴切夫斯基、亚诺什·鲍耶他们各自独立地创造了这门神奇的学科。在这里,欧几里得第五公设并不成立!在这里,三角形的三个内角之和小于180度!在这里,任何两个三角形的相似蕴含着全等!这些看似奇特的数学故事将引领我们步入一个充满想象力的现代几何学的新世界!

[R从舞台的一边上或将来到舞台中央。

E、M、T	让我们记住1854年6月10日那一天!
L、N、S	让我们记住1854年6月10日那一天!
E、M、T	那天,在哥廷根大学报告厅有一位天才做了一场伟大的数学演讲!
L、N、S	这位天才的名字叫作波恩哈德·黎曼!
E、M、T	他的演讲题目是《论作为几何学基础的假设》!
L、N、S	他的演讲题目是《论作为几何学基础的假设》!

[随后迎来R的讲演开篇。

R	众所周知,以往的几何学预先假设了空间的概念,以及在空间中进行构造的最基本原则。关于这些概念,只有叙述性的定义,而重要的特性则以公理的形式出现。这些假设彼此间的关系依然处于黑暗之中;我们看不出其中是否需要有某种程度的关联,相关到什么地步,甚至不能先验地知道它们是否可

能……

E、M、T　　　　　是的,这些假设彼此间的关系依然处于黑暗之中。

R　　　　　　　　从欧几里得到勒让德,千百年来,无论是数学家,还是投身于此的哲学家,都无法突破阴霾,其原因很可能就在于,我们对多维量的一般概念还一无所知。

L、N、S　　　　　几何学呼唤着新的思想!

R　　　　　　　　作为几何学基础的假设,我们必须将数学本体与物理学的研究对象相区别……空间的概念与几何是不一样的。所谓空间,可以被理解为点的组合。而几何是附加在空间上的结构。同样的空间可能有着不同的几何结构!流形是一种特殊的空间,它(们)由一些其中的点可以由数的组合来命名的区域构成。

E、L、M、N、T、S　流形,这是现代几何学所唤出的一个新概念,新思想!

R　　　　　　　　最简单的流形是被记为 **R** 的数轴,我们可以将实数"几何化"地想象为那些在直线上的点。第二简单的流形是平面 $\mathbf{R}^2$,这是与所有实数对相对应的空间……经由数的 3 元组、4 元组、5 元组……乃至 n 元组,我们可以定义任意有限维的流形,甚至可以有无穷维流形的存在!

L、N、S　　　　　看! 这里有多么有趣的数学故事!

R　　　　　　　　欧几里得曾经在一系列给出描述的术语基础上建立了自己的几何学,但是其关于点、直线、平面这些术语实际上是不明确的。在我看来,距离的概念比欧几里得那些基本的概念更为基本,因此必须独立地给出定义! 只要我们能够找到一种办法测量流形上沿着某条道路的速度,借助微积分学就可以自然地给出测量流形上曲线长度的方法!

E、M、T　　　　　这一数学的哲思被称为度量! 是的,度量! 这是一个多么神奇的概念!

R　　　　　　　　在此基础上,我们可以在流形上定义"直线"——就是那些可以沿着它们走过最短距离的曲线! 而一旦有了直线,我们就可以

| | 定义三角形！一旦有了三角形，我们就可以定义曲率！是的，曲率，这一重要概念会让你一窥未来数学的奇妙天地！曲率，将引领我们踏上一段奇妙的、独具匠心的智力旅程！ |

L、N、S　　曲率，一个多么神奇的概念！它将会让你一窥未来数学的奇妙天地！曲率，它将引领你我……踏上一段奇妙的、独具匠心的智力旅程！

［灯暗处，舞台上，众人下。随后PPT上出现如下字幕。

第二幕

第二场　音乐之城　莱比锡

> 时间：1882年前后
> 地点：莱比锡大学图书馆
> 人物：H, C, 可加上其他群演2—3人

［灯亮处,舞台上有一位同学——那是C在翻阅一篇论文。从他的神色可以看出,这篇论文对他来说不简单。

［约1分半钟后,同学H从舞台的一边上,来到C的面前。

H　Hei, Cole!

C　Hei, Hurwitz学长!

H　在看什么呢?（翻了一下其所阅读的论文,语道）哦,《论作为几何学基础的假设》,Cole学弟,这篇论文可不简单呢!

C　（笑着点了点头）嗯,有点好奇,拿来翻翻。

H　（笑道）你可知道,这篇论文的背后,还有一段有趣的故事呢。

C　有趣的故事? 那是什么故事?

H　黎曼的这篇论文呀,源自1854年他就职哥廷根大学编外教授的资格演讲!

C　就职大学编外教授的资格演讲?

H　是的。按照欧洲的惯例,一位学术新人在其取得博士学位后,若想进一步在大学里授课,需要再提交一篇资格论文,并做一次公开的就职演讲。论文和演讲都由一组教授进行评判。只有通过这些资格测试,他才能被任命为大学里的编外教授,在大学里授课。

C 哦?

H 为此黎曼向教授组提交了三个预备的主题:第一个主题与他的博士论文相关;在与第二个主题相关的领域中他是专家;第三个主题则是"论作为几何学基础的假设",这个领域他是一位门外汉,此前黎曼丝毫没有做过任何几何学的工作。(稍停)然后,主题的最终决定权落到了他的导师高斯的手中。

C 啊呀,高斯先生不会是选择了第三个吧?!

H 一般来说,导师会选择候选人最熟悉的主题。然而高斯却偏偏选择了第三个,也就是黎曼几乎没有研究过的那个主题:"论作为几何学基础的假设"。

C 高斯先生呀,真会捉弄人!

H 啊哈……也许我们应该感谢高斯!不然怎么会有这篇伟大的论文呢?!

C 那倒是。

H 话说黎曼为他的那个演讲准备了 6 个月,他尽力使自己的讲演能让所有人理解,但是真正的听众只有一个:数学王子,卡尔·弗雷德里希·高斯!在座的那些教授里,或许只有高斯一个人听懂了黎曼说的是什么。

C 啊?只有高斯一个人……听懂了黎曼说的是什么?

H 是的。这可是一篇非常高深、超越时代的论文呢!黎曼的这篇论文,将迎来几何学的一个伟大新时代。在这篇论文里,黎曼提出了许多新的思想。

C 喔?

H 想读懂这篇论文,你首先得知道"何为流形"?

C 流形……何为流形?

H 所谓流形,指的是一类特别的好的空间——它们是可以被绘出地图册的空间,也就是说,在每个点的附近,其上的点都可以和数的 n -元组构成一一对应!

C 嗯。比如欧氏平面 $\mathbf{R}^2$ 是一个流形,$\mathbf{R}^2$ 中的单位开圆盘也是一个流形……

H 是的。三维空间 $\mathbf{R}^3$ 中的单位球面 S^2,它也是一个流形。

C 哦,我明白了。黎曼笔下的"流形"可以是弯曲的空间。

H 是的,不单如此。黎曼说,我们可以定义任意维的流形!

C　　任意维的流形？

H　　哈,这正是黎曼新思想的高明之处！虽然我们现实的物理世界可能是三维的,但在数学上,我们可以关注和研究任意高维数的空间。黎曼的优秀在于他正确地区分了物理实在和数学实在。

C　　(恍然道)于是,数学家可以自由自在地进行研究……研究像在四维空间 $\mathbf{R}^4$ 中的单位球面 S^3 这样的流形？!

H　　嗯,确是如此！数学家再也不必担心这样或者那样的曲面是否能够真正地构造出来,我们再也不需要担心四维或者五维以上的空间是否存在。这是一个极大的解放！黎曼为数学家们提供了如此广阔的思维空间！

C　　嗯,确是这样！

H　　想要读懂黎曼的这篇论文,你还需要知道空间的概念与几何是不一样的。所谓空间,可以被理解为点的组合。而几何是附加在空间上的结构。同样的空间可能有着不同的几何结构。

C　　几何是附加在空间上的结构？那么,如何在其上附加几何结构？

H　　确定流形上几何结构的一种有效方法是,找到某种方法去测量物体沿着曲线运动时的速度,再借助微积分学就可以自然地给出测量流形上曲线长度的方法,由此可以定义距离的概念。

C　　距离的概念？

H　　在黎曼看来,距离的概念比欧几里得那些基本的概念更为基本！因为经由此可以在流形上定义"直线"。

C　　在流形上……噢,在弯曲空间上如何可以有"直线"？

H　　哈,弯曲空间上的这些"直线",当然有别于我们通常的直线！这些流形上的"直线",指的是连接两点间距离最短的曲线……这样的曲线被称作测地线！

C　　原来如此！

H　　一旦有了直线的概念,我们就可以有三角形——这是由三条测地线构成的图形……然后,我们可以引导出黎曼几何学最为重要的一个概念——曲率！

C　　曲率？

H　是的,曲率! 这是一个刻画空间弯曲程度的量! 比如在二维空间 $\mathbf{R}^2$ 中,如果用毕达哥拉斯定理来定义距离,我们就能得到欧几里得几何的特性:平行线唯一,三角形内角和等于180度,存在着任意大小的相似三角形,等等! 这样的流形是平坦的!

C　是的,在欧氏平面上有着经典的毕达哥拉斯定理,欧氏平面无论怎么看,都是平的!

[Hurwitz 在桌面上的稿纸上(经由 PPT 或者舞台黑板)绘出 $\mathbf{R}^3$ 中的一球面,然后说道:

H　好,现在我们不妨设想一下……这是我们生活的地球,(经由 PPT 他在其上绘出三个点),这是地球上的三个城市——比如莱比锡、哥廷根、柏林。
请问:连接这球面上的两点,比如说,莱比锡和哥廷根之间的最短距离的线,会是怎样的一条"直线"?

C　(沉吟道)连接莱比锡和哥廷根这两个城市,连接这两点之间最短距离的线不可能是一条直线……哦,对了,那是一个由通过球心的平面与球面相交而成的曲线(截得大圆的一部分!)

H　对了! 这球面上的测地线,正是形如这样的大圆……为了说明这一点,可以设想在气球或者地球仪上,现在取一根细绳将它拉紧在两点之间,这条细绳就会位于一个大圆之上!

C　哈,这真是一个绝妙的主意!

H　(继续连接其他的点而得到想象中的三角形)……两两连接后,我们得到球面上的一个三角形,请问:这个三角形的三个内角和会是180度吗?

C　(沉吟道)我想不会!

H　是的。球面上的这个三角形,其内角和大于180度,而其与180度偏离程度的数值,在某种意义上,刻画着这点临近处的弯曲程度! 此即黎曼所谓的曲率!

C　因此,有别于经典的欧氏平面,球面的曲率不是0!

H　是的。球面上的几何学也是一种非欧几何学。不过,这种几何学有别于罗巴切夫斯基、鲍耶和高斯的非欧几何……在球面上,过"直线"外一点没有平行线的存在!

C　学长,黎曼在他的论文中有提到非欧几何吗?

H　虽然黎曼没有在论文中明确地提到非欧几何学,但是他的工作给非欧几何进入主流数学打下了基础。他提供了这样的一个背景,在其中非欧几何与欧氏几何看起来一样自然,且都是更广泛意义的几何学中的特例!

C　学长,你真厉害!

H　哈哈,哦……我所理解的这一切,都来自 F.克莱因教授的知识讲授和数学探讨!

C　克莱因教授,也是一位几何学的大师?

H　那是当然! 在可预见的未来,克莱因教授会像黎曼先生一样伟大!

C　这是肯定的。

H　不过,最近啊……我们的克莱因教授,可是有点烦!

C　克莱因教授有点烦? 那又是为何?

H　是的。他有点烦……有点烦! 因为他正在和一位名叫庞加莱的年轻的法国数学家进行一场数学竞赛!

[灯暗处,两人下。PPT 上出现如下字幕。

第二幕

第三场　莱比锡与巴黎之间的对话

> 时间：1881—1886 年
> 地点：莱比锡 vs 巴黎
> 人物：克莱因，庞加莱，Rc

[灯亮处，舞台上出现的是：克莱因与庞加莱，以书信的方式对话的情景。这两位天才的数学家，一位在莱比锡，一位在巴黎。让我们想象当克莱因"遇见"庞加莱，将会是如何的一段数学故事插曲。

[在舞台的一边，克莱因在书房，在他的手中，有两三篇或许是庞加莱的论文。在舞台的另一边，则是庞加莱，他在一个书桌前伏案读书或者静静地思考着。舞台中央，则是一位数学卡通人物——我们可爱的 Rc 先生。

[克莱因的视线终于从手中的论文中移开，在他的脸上，流露出很是惊讶的神情。

克莱因　《论富克斯函数》，最近发表于《法国科学院院报》上的这些数学论文，真是精彩！真的是精彩极了！

Rc　　　（微笑道）是的，这些论文精彩极了。

克莱因　（看着手中的论文）它们的作者，是一位名为亨利·庞加莱的先生。嗯，他是一位法国人？在遥远的卡昂。

Rc　　　卡昂，法国北部的一座小城，那是庞加莱拿到博士学位后工作的第一站。现在的他，已来到了欧洲科学的都市，巴黎。

克莱因　可是，庞加莱是谁？为什么我从没听说过他？

Rc　　　（微笑道）亲爱的克莱因教授，你当然还没有听说过他，因为这位年轻的数学家还不到 30 岁。(用手遥指那边的庞加莱)1854 年,那是黎曼关于几何学重要就职演说的那一年,庞加莱出生在法国的一座历史名城——南锡。

克莱因　(喃喃道)他论文中的这些精彩结果是怎么得到的?为什么这位年轻人要将这类函数以海德堡大学拉扎鲁斯·富克斯教授的名字来命名?

Rc　(微笑道)因为啊……直到 30 岁之前,庞加莱对黎曼依然一无所知。

克莱因　嗯……我得写信问问,这类函数或许叫作黎曼-K 函数更为恰当。(放下手中的论文,回到书桌,做写信状)

Rc　(微笑道)可是,没关系。到了那个时代,黎曼的思想已经开始与其他数学家的思想产生互动并渗透到了几乎所有的数学领域。(稍停,缓缓地说道)自他之后,数学家们都深信拓扑和几何思想在对分析学的深层理解中起着重要的作用;再也没有人质疑复数除作为简略表达方法外还有任何用处;高维和其他几何学成为数学实在的中心问题,对我们理解所处的世界,有着重要的意义。

[庞加莱从书桌后走上前。手中拿着一封信。

庞加莱　南锡,这座家乡之城承载着我少年时代的美好记忆。那时候的我,除了音乐与绘画,其他每一门课都得到了高分!

Rc　(微笑道)他的天赋,尤其表现在数学上。

庞加莱　是的!我的一位老师曾对我的母亲说,我将会成为一位伟大的数学家。而我的妹妹,艾琳则将我描述为一个"数学怪物"!

[他魔术般地从自己的口袋里翻出一张皱巴巴的纸片,上面或写着密密麻麻的数学式!

庞加莱　知道么?最近我在研究着一类很是奇妙的函数——我把它们叫作"富克斯函数"!这类函数与非欧几何之间存在着奇妙的联系!

Rc　(微笑道)可是,这类函数为什么被叫作"富克斯函数"呢?

庞加莱　喔,为何把这类函数叫作"富克斯函数"?嗯,我得想想。那是……那是因为,这一研究的灵感来自富克斯教授啊!(稍停,继续道)知道吗?他呀,可是我的博士生导师查尔斯·埃尔米特教授的合作者,也是埃尔米特教授最好的朋友之一。

Rc　　（微笑道）看来，在富克斯函数背后，藏有一个有趣的数学故事。

庞加莱　（戴着高度近视眼镜的他，做沉思和缅怀状）是的，这是一个奇妙的数学历程。还记得，那是在1880年前后，受富克斯教授关于复变函数工作的影响，我开始思考是否在别的背景下也存在类似的函数。（稍停，继续道）

庞加莱　（依然是沉思状）最初，我试图证明不存在其他与我称为富克斯函数类似的函数……随后，在离开卡昂去参加一个地质学会议的路上，这次旅行让我暂时忘掉了我的数学工作。当到达沽董(Countances)时，我们决定休息一下再出去兜兜风。在我的脚踏上马车踏板的瞬间，我突然有了灵感，意识到用来定义富克斯函数的那些变换等价于非欧几何中的那些变换。

Rc　　（微笑道）年轻的庞加莱，他意外地发现了一个数学奇境。

庞加莱　回到卡昂之后，我意识到这表明还存在着另一整类的富克斯函数。于是我将这些发现写成论文寄给了法国科学院。

［书案后的克莱因再次回到舞台前，手中拿着一封信。

Rc　　（微笑道）这些论文或正是克莱因教授在1881年6月遇见的那些论文。在阅读了论文的第二天，他即给庞加莱写了一封信。他在信中这样写道：

克莱因　（拿着信读）尊敬的先生！
　　我昨天刚看到您发表在《院报》(*Comptes Rendus*)上的三篇论文，很快我就发现这和我近年来考虑和努力的问题很相近，因此我觉得有必要给您写这样一封信。
　　首先，我想提醒您注意我发表在《数学年刊》(*Mathematische Annalen*)第14、15、17卷上的一些关于椭圆曲线的不同的工作！当然，椭圆模函数只是从属于您所考虑的函数的一类特殊情况，但是只要仔细对比，您就会发现可能是我得到了更一般的判定条件。

Rc　　1881年6月15日，在收到克莱因来信的当天，庞加莱立即给克莱因回了信。

庞加莱　（以写信状来呈现或者语道）先生！您的信件让我知道在我之前您已经瞥见部分我在富克斯函数理论中获得的结果。我一点也不惊讶：因为我知道

您非常精通非欧几何，而它是解决我们共同关注问题的真正的钥匙！（稍停）

当你说"椭圆模函数"的时候，为什么用复数？如果模函数可以表示为周期函数的模数的平方，它就是唯一的。模函数肯定表示某些其他东西。

您说的可以由模函数表示的代数方程是什么意思？什么是基本多边形理论？还有，您发现了所有能够生成不连续群的圆弧多边形了吗？您是否证明了对应于每个不连续群的函数的存在性？

哦，对了，我很冒昧地用法语给您写了这封信，因为您告诉我您懂法语。

……

［灯暗处，舞台上，众人下，旁白起。

旁　白　由此他们开始了一段时间的非比寻常的数学通信往来。这些信件穿越了所有智力和情感的界限，指引着庞加莱去了解黎曼的工作。庞加莱，这个最初几乎不知道黎曼工作的年轻的法国人，不久后成为黎曼数学的知音。随后，庞加莱一系列的数学论文出现在新创办的《数学学报》上。这些论文奠定了这本杂志的地位，也让庞加莱变得知名。1884年，他开始了全新的研究工作并将在5年之内彻底改革数学物理这门学科。同时在1885年，他收到了巴黎大学提供的让众人羡慕的（物理学的）教授职位。

这场无声的数学竞赛促使两人加倍努力地工作。压力和过度劳累让参与数学游戏的双方——克莱因和庞加莱——都病倒过。幸运的是，最终两人都病愈脱险。

庞加莱和克莱因所完成的研究，为数学开辟了一片全新的领域。他们的工作导致了极其深刻的，也是完全意想不到地存在于二维拓扑学和几何学之间的联系。作为其结果的定理在数学领域，甚至在人类思想领域都具有令人窒息的美妙。仿佛是命运的注定，当时不可想象的这一定理的三维情形将会与著名的庞加莱猜想不可避免地联系在一起。

［随后PPT上出现如下字幕。

第三幕

第一场　那个猜想的降生

> 时间：1895—1905 年
> 地点：法国巴黎
> 人物：庞加莱

［灯亮处，庞加莱独自在舞台上。在隐约的光影里（或可以在 PPT 或者视频的伴奏下）他开始独白。

庞加莱　（缓慢而深情地）让我们感谢贝尔特拉米，是他，赋予双曲几何以数学实在！他是第一个注意到双曲几何就是曲率为负的常曲率几何的数学家。让我们感谢天才的黎曼，他关于几何学的观念提供了联系数学世界中诸多概念的纽带。他们的数学工作导引着我继续计算出了其中的细节，并得以发现更多关于非欧几何的模型。这一研究可以推广到高维几何学。（稍停）

庞加莱　（缓慢地）比如说，让我们设想在一个被球面包含的世界，它满足如下的规则：温度是不均衡的；中心处最热，随着我们移向球面的边界，温度随之下降，边界的温度为绝对零度……（稍加停顿，继续道）生活在这样的世界中的居民，如果他们要建立一种几何学，那么将会与我们的几何学不一样，我们的几何学研究的是不变物体的运动，而他们的几何学则是研究那些他们所确定的位置的变化，因此是"非欧位移"，从而会是非欧几何学。因此在这样的世界接受教育的和我们类似的生物将不会拥有和我们一样的几何学。（稍停）

庞加莱　（缓慢地）为了研究高维几何学，还有那些主宰行星运动的方程所产生的混沌行为，我们必须引入拓扑学。在黎曼之后，数学家贝蒂接受了黎曼的将曲面沿着曲线切开的思想，并将它推广到高维流形的情形……在他们工作的基础上，我们可以引进同调群的概念。同胚的流形有着相同的同调群，并且一旦知道了同调群,你就会知道贝蒂数以及更多的东西。我们还可以为每个流形赋予一个全新的代数对象,我称之为基本群。基本群在同胚映射下也是不变的,这一崭新的概念或可以颠覆我们思考流形的方式……(稍停)

庞加莱　(缓慢地)我们是否可以通过一组拓扑不变量来区别和刻画不同的流形?比如在三维流形的情形! 换句话说,由于我们生活在一个三维流形的宇宙中,我们该如何判断它是什么样的流形呢? 对此我的研究表明,仅有贝蒂数是不够的。我们可以构造出无穷多个彼此两两不同胚的闭三维流形,其中可以找到两个具有相同的贝蒂数。下面这一问题的探讨一定非常有趣:具有相同维数和相同基本群的任意两个流形一定同胚么? 在丹麦数学家波尔·希嘉德等人工作的基础上,我在此声明如下的定理(同步经由 PPT 来呈现如下的"定理"):每个所有贝蒂数都是 1,且其所有排列 T_q 是对称的多面体同胚于三维球面。

[光影变幻里……或可看到庞加莱的哑剧之声。

庞加莱　(缓慢而激扬地)今天我又回到了这个相同的话题……最近我发现我多年前的一个定理的声明是错的。因为,实际上我构造了一个三维流形的例证,它的所有贝蒂数和挠系数都是 1,但是它并不同胚于三维球面(经由 PPT 呈现其名曰"庞加莱十二面体"的空间)。可是,我们依然可以问这样一个有趣的问题:是不是可能存在这样的一个流形,其基本群是平凡群,但是它不同胚于三维球面? ……这个问题将带领我们走得非常远!

[灯暗处,舞台上,庞加莱下,有旁白。

旁　白　是的,这个问题将带领我们走得非常远。它从此变得知名,瞬间就成为著名的庞加莱猜想。

"是不是可能存在这样的一个流形,其基本群是平凡群,但是它不同胚于三维球面?"

这个非常自然而有趣的问题,出现在庞加莱 1895 年至 1904 年间一系列伟大论文的最后。这个著名的猜想将为任何解决这个问题的数学家获得伟大的名声!

[随后 PPT 上出现如下字幕。

第三幕

第二场 伟大的学者

> 时间：1912 年 7 月
> 地点：哥廷根大学城
> 人物：希尔伯特，学生 R、I、C2

[灯亮处，舞台上出现希尔伯特教授和他的学生们一道散步的情景。他们的聊天内容是 20 世纪的数学巨匠庞加莱以及他的数学科学影响力。

R　　希尔伯特教授，为了缅怀和悼念庞加莱教授，最近我们哥廷根大学特意准备了他的个人回顾展。亨利·庞加莱，究竟是一位怎样伟大的数学家?!

希尔伯特　　我们的朋友，亨利·庞加莱教授，无疑是当今科学界的真正领军人物。当下的巴黎，依然是一个世界科学和文化中心，它拥有数量最多的数学家。可是，即便是在群星璀璨的巴黎，庞加莱依然也是最最闪亮的那颗星。

I　　在这众多的数学家中，最闪亮的就是亨利·庞加莱教授？

希尔伯特　　是的。庞加莱的研究涉及数论、代数学、几何学、拓扑学、天体力学、数学物理、多复变函数论诸多领域，他在这些领域中都做出了极为出色、极其重要的贡献。哎，可惜天妒英才，他的过早逝世给数学和科学的世界带来无尽的哀思和遗憾……

R　　嗯。数学科学的世界因为他的早逝而多了几许寂寞。不过，希尔伯特教授，现如今，我们哥廷根的数学应当可以媲美巴黎吧？

C2　　是啊，希尔伯特教授，在我们的心中，您和庞加莱教授一样的伟大。他所取得的科学成就，和您相比会是如何？

希尔伯特	（沉吟道）数学是一个何其辽阔的天地！或许在有些领域，我做的工作会比他多一些，深刻一些，有些领域则或有不及。但在其中的一个领域，我则是万万不及他的！
R	噢？是哪个领域？
C2	是啊，希尔伯特教授，是哪个领域？
希尔伯特	拓扑学。
I	拓扑学？
希尔伯特	是的。在过去的20年间，庞加莱以其天才的创造发展了拓扑学这门学科——代数拓扑学几乎是他凭一己之力创造的一门学科。这门新的学科将推动某些20世纪最伟大的数学成就产生……（稍停）由此他提出一些深刻且有趣的数学问题。其中有一个问题，现已在数学界日渐著名，这就是庞加莱猜想。
C2	我知道了。原来庞加莱猜想是拓扑学的一个问题！
希尔伯特	庞加莱教授的这一猜想，是他在思考三维流形，思考宇宙形状时产生的看似最简单的设想。不过，这个问题最近把许多人迷住了，其中就有马克斯·德恩。
R，C2	德恩学长？他可是我们哥廷根大学的一位数学风云人物呢！
I	听说在他还是一名哥大的学生时，他就解决了一个著名的问题——那可是教授您在1900年第二届国际数学家大会上提出的……著名的23个问题中的一个问题哈！
希尔伯特	是的。德恩证明了"无法用平面将四面体切割成有限块，然后再将它们粘成一个立方体"。这是一项出色的工作。他所解决的这个难题自欧几里得时代以来即在那里，连高斯都没能解决这个问题。
C2	德恩学长真厉害！
R	希尔伯特教授，您刚才说……德恩学长也研究过庞加莱猜想？
希尔伯特	是的。他研究过。其中还有些颇有趣的故事呢！
I	有趣的故事？

希尔伯特	嗯,犹记得……那是在 1908 年,在经过几年的努力后,德恩认为他已成功地证明了庞加莱猜想。他将相关的论文完成后,提交给了《数学年刊》,并写信给我,希望可以尽快发表,以免别人抢先。
C2	别人抢先?谁会抢先?
希尔伯特	"比如说,庞加莱。"他这样写道。
R	那后来呢?德恩学长的这一数学论文发表了么?
希尔伯特	德恩的这篇论文并没有发表!
I	没有发表?那是为何?
希尔伯特	因为之后不久,在罗马召开的国际数学家大会上,德恩遇见了海因里希·蒂策。与这位拓扑学的大师深入交流后,德恩意识到自己的推理是错误的,于是他收回了论文。
C2	哈,竟有此事。原来如此天才的德恩学长——竟然也曾被庞加莱猜想"戏弄"过!
希尔伯特	尽管德恩没能证明庞加莱猜想,他却在三维流形的拓扑学领域做出了出色的贡献。特别是在 1910 年,他和希嘉德合作,发表了一篇著名的论文,在那篇论文中,他们用一种奇妙的拓扑学方法构造出了无穷多类的三维流形,它们都是同调球面……
R	同调球面?
希尔伯特	在德恩和希嘉德之前,庞加莱曾经构造了一个有趣的三维流形的例子——数学家把这个神秘的空间叫作"庞加莱十二面体空间",它是第一个"同调群与三维球面相同,但不同胚于三维球面的三维流形"。数学家把这样的流形称为同调球面。
C2	希尔伯特教授,您说德恩学长他们构造了无穷多个同调球面?这有什么意义呢?
希尔伯特	德恩他们的这篇论文让数学界的诸多数学家认识到,无论正确与否,庞加莱猜想都是一个超级难题。
R	哈哈,难道仅仅就是这样么?

希尔伯特	1910年的论文还因为其他的一些原因显得有趣。它证明了在同调球面和非欧几何之间存在联系。它也探索了一些纽结理论和三维流形之间的联系。(稍停)其中最令人惊讶的结果依赖一个非常有趣的引理。哈哈,我们不妨把它称为"德恩引理"……
I	希尔伯特教授,那……那现在,我们距离庞加莱猜想的证明还有多远?
希尔伯特	啊哈,谁知道呢。也许很近……也许很远……很遥远?!

〔灯暗处,舞台上的聊天还在继续。〕

C2	看来拓扑学真的很是神奇,有趣!怪不得连德恩学长也为它心碎,着迷。
R	噢,伟大的庞加莱教授!伟大的庞加莱猜想!
I	希尔伯特教授,那庞加莱教授……他来过哥廷根么?
希尔伯特	来过!在最近这10年间,他到访过哥廷根至少3次,嗯,或许有5次了吧。可是,即便是他没有到过哥廷根,庞加莱的数学科学影响力也遍及哥廷根的,甚至是世界的每一个角落。是的,任何解决庞加莱猜想的数学家将获得伟大的名声!

〔随后众人下。PPT上出现如下字幕。

第三幕

第三场 欢迎来到这 PK 的舞台

> 时间：1905—1985 年
> 地点：数学科学的世界
> 人物：Rc，庞加莱猜想（简称 PC）和众多的青年数学家

［灯亮处，舞台上出现 Rc，庞加莱猜想，以及一些青年数学家的身影；他们将以各种各样的形式与 PC 进行 PK，其中有比武、击剑、网球、跳舞、棋战，等等

［Rc 则以主持人和解说员的身份介入其中。此时他走上前一步，指了指站在舞台中央的一位青年数学家，和他面对面的 PC，语道。

Rc　朋友们，今天的"庞加莱猜想之 PK 的舞台"又迎来一位年轻的挑战者。这位数学家的名字叫作詹姆斯·亚历山大（同步经由 PPT 呈现亚历山大的画像，以及他与 PC 之间的互动）。

Rc　詹姆斯·亚历山大是一位著名的数学家，他于 1888 年 9 月出生在一个古老的、令人尊敬的普林斯顿大家庭。他在 1910 年毕业于普林斯顿大学，获得理学学士学位，一年后获得文学硕士学位，其后在 1915 年获得博士学位。少年时代他曾留学欧洲！（稍停）

多年前他推广了约当-闭曲线定理，证明了亚历山大对偶定理（the Alexander Duality Theorem）。由他发明亚历山大多项式，这是纽结理论中第一个多项式纽结不变量，也是一类重要的纽结不变量。作为代数拓扑学的先驱者之一，他为庞加莱的同调理论奠定了基础，还发展了上同调理论。（稍停）

1920 年前后，他证明了：两个曾由蒂策发现的三维流形具有相同的基本群以及相同的同调群，但是它们并不同胚。因此，是否两个具有相同基本群的三维流形必然同胚？这一问题得到了否定回答。而在某种意义上，庞加莱猜想是这一问题的特殊情形。（稍停）

亚历山大还是一位著名的登山家,曾成功登顶许多名山高峰……因此在普林斯顿大学,他喜欢爬上大学的建筑物而进入他在 Fine Hall 的顶层的办公室。你猜,他是从哪里进入的? 敞开的窗户!(稍停)

现在他正在用 the now famous Alexander horned sphere, Reidemeister move 和 Combinatorial analysis (Alexander's trick)对庞加莱猜想发动攻击……

好样的!詹姆斯,加油!加油!可惜,他失败了!

[光影变幻中,又走上来一位新的挑战者,英国数学家亨利·怀特海。同步经由 PPT 呈现他的画像,以及他与 PC 之间的互动。

Rc　(继续解说)这位新的挑战者,亨利·怀特海,是一位英国数学家。他是牛津维恩弗利特玛德莲学院的纯数学教授。(稍停)

怀特海的研究工作涉及微分几何、复形与流形、同伦理论、代数拓扑与经典拓扑。他的主要贡献是发展了同伦理论,并在牛津建立了一个重要的拓扑学派。他是同伦理论的创造者之一。多年前他在普林斯顿大学获得博士学位,他的导师正是著名数学家维布伦。在普林斯顿读书的日子,他曾和莱夫谢茨合作,证明了一个重要的结果:任何解析流形都是可三角化的。(稍停)

现在他正在用 CW 复形和同伦理论的思想对庞加莱猜想发动攻击……他的怀特海 product 是一个非常厉害的数学工具!怀特海流形的诞生,对低维拓扑的研究至关重要!

好样的!亨利,加油!加油!可惜,他也失败了!

[光影变幻中,又走上来一位新的挑战者,宾,同步经由 PPT 呈现他的画像,以及他与 PC 之间的互动。

Rc　(继续解说)我们又迎来一位新的挑战者。宾是一位来自美国的数学家,主要从事几何拓扑领域的研究。他现为普林斯顿高等研究院的访问教授。

宾是一个富有幽默感、性格坚强且正直的人。在进入研究生院学习数学之前,宾毕业于得克萨斯州西南师范学院,并在高中任教多年,他对教育的兴趣持续了一生。

宾的数学研究领域主要涉及几何拓扑,特别在三维流形(理论)的研究上做出了极为出色的贡献。话说在1946年,那是在完成博士论文后不久,宾通过解决 Kline-Sphere 的特征化问题而名动"数学的网坛"。(稍停)

The house with two rooms 是一个有趣的例证,它诉说着,一个可缩的二维单形或许是不可折叠的。

The side-approximation theorem 的证明是宾最为重要的数学成果之一,它有着许多应用。其中之一即可用来简化莫伊兹定理(Moise's theorem)的证明。(稍停)

此时此刻,他正借助于 the Property Pconjecture 的研究和 the Bing shrinking criterion 的方法技巧来攻克庞加莱猜想。

好样的! 宾,加油! 加油! 可惜,他也失败了!

[光影变幻中,又走上来一位新的挑战者,沃尔夫冈·哈肯(Wolfgang Haken,1928—)。同步经由 PPT 呈现他的画像,以及他与 PC 之间的互动。

Rc　(继续解说)这是一位新的挑战者。沃尔夫冈·哈肯是一位德国数学家。他于 1928 年出生在柏林。1962 年,他移居美国,成为伊利诺伊大学的客座教授。沃尔夫冈·哈肯以其在三维流形上的研究而闻名数学江湖。

除此之外,他还和他的同事肯尼思·阿佩尔(Kenneth Appel)一道解决了著名的四色问题,时间或许是 1976 年?!(稍停)

现在他正借助于哈肯流形和 algorithmic topology 的思想来对庞加莱猜想发动攻击……

好样的! 沃尔夫冈·哈肯。加油! 加油! 可惜,他又失败了!

[光影变幻中,又走上来一位新的挑战者,莫伊兹,同步经由 PPT 呈现他的画像,以及他与 PC 之间的互动。

Rc　(继续解说,但激情不再)莫伊兹是一位著名的美国数学家,现为哈佛大学的数学教授。和宾一样,他也是穆尔的博士生。(稍停)

莫伊兹不仅是一位出色的数学家和数学教育改革者,还是一位作家。(稍停)

著名的莫伊兹定理,见证了他在低维流形理论上的出色贡献。他也曾致力于证明庞加莱猜想,可惜都失败了。

[光影变幻里,灯暗处,众人下。随后 PPT 上出现如下字幕。

第四幕

第一场 海滨奇迹

> 时间：1960 年前后
> 地点：巴西里约热内卢的海滨
> 人物：斯梅尔和他的灵魂的镜像 Ss，小女孩和她的妈妈

[灯亮处，舞台上出现的是，正在沉思的斯梅尔。此时此刻，他正坐在沙滩上，手上有纸和笔，时而沉思，时而写写画画……舞台的一边，其"灵魂的镜像"静静地看着他。

[几秒钟后，一位妈妈带着一个小女孩从舞台上走过。小女孩看着沉思中的斯梅尔，有点好奇地问道。

小女孩　妈妈，这位叔叔他在干什么呢？

妈　妈　这位叔叔呀，在画画。

小女孩　画画？他为什么要在这里画画？

妈　妈　因为呀，这里很美。

小女孩　(点点头)嗯，这里很美！

[年轻的妈妈带着小女孩，从舞台的另一边下。

[斯梅尔走到舞台的中央，微微笑了笑，沉吟道。

斯梅尔　犹记得，那是大约 5 年前，我第一次听说"庞加莱猜想"。那时我还在美国安娜堡做论文。几天之后，我觉得我找到了关于庞加莱猜想的一个证明。

Ss　　　是的，那个时刻，你很兴奋。太兴奋了……以至于有点得意忘形。

斯梅尔　嗯，是的。在汉斯·扎梅尔松教授的办公室，我非常兴奋地向他概述了我

	的证明思想。
Ss	"给定一个三维流形，首先可以将之三角剖分，再去掉其中的一个三维单形。"你如是道，"为了证明庞加莱猜想，只要证明余下的这部分流形同胚于一个三维单形即可。"
斯梅尔	是的。
Ss	然后在余下的部分流形中再依次去掉一个个三维单形……而这个过程并不改变流形的拓扑分类，如此等等，最后只剩下一个三维单形。Q. E. D! （证明完毕！）
斯梅尔	是的。原来庞加莱猜想的证明——竟可以如此的"简单"！
Ss	扎梅尔松教授静静地看着，并没有说一句话。
斯梅尔	可是，在离开他的办公室之后，我忽然意识到，在我的证明中竟然没有用到关于三维流形的任何假设。
Ss	没有用到任何假设？哈哈，这真是一个非常有趣且不可思议的"证明"。竟然在没有用到任何已知条件的情形下就获得了"最后的证明"。
	[舞台上，是片刻的沉默。光影变幻里，灯光回到斯梅尔身上。
斯梅尔	5年后的今天，我已从当初的懵懂少年，成长为一位比较成熟的青年数学家。（沉吟着）从拉乌尔·博特那里我学到了代数拓扑和纤维空间理论；我亦知晓"横截性"，这一由数学家勒内·托姆创造的崭新概念；还有米尔诺发展起来的"微分拓扑"理论。
Ss	这是一个拓扑学的黄金时代。拓扑学可应用于代数、几何与分析，由此产生诸多的数学成果。
斯梅尔	希策布鲁赫的"signature theorem"、塞尔的谱序列和博特的周期性定理……这些定理和结果，或多或少似乎都与莫尔斯理论相关。
Ss	这些定理，或多或少都与莫尔斯理论相关。
斯梅尔	这些年，我已在博特的指导下获得博士学位。在我的一些工作中，至少有一个定理让人意外……它说的是，"球体可以从内向外翻转"。
Ss	这一定理现如今以"斯梅尔球翻转定理"著称！

斯梅尔　在入职芝加哥大学之后,我有幸在普林斯顿高等研究院访问了一年多时间。

Ss　此时此刻,你却在里约热内卢的海滨,在数学的天空游弋和思考。

斯梅尔　此时此刻,我的数学哲思蓬勃……各种想法奔涌而来。这些天,我正把动力系统学的问题和拓扑学放在一起思考。当我尝试使用常微分方程式来研究流形中梯度流的动力系统时,突然想到了流形上的结构对拓扑学的研究来说非常有用。因此,庞加莱猜想的证明再次进入我的视野。

Ss　在学生时代,你都在穷尽自己的智慧,来思考如何着手去研究庞加莱猜想。有一个非常明确的原则是,必须找到和先辈们不同的进攻方法。但是问题在于:如何才能避开那些过去的研究中发生过的错误呢?

斯梅尔　一个闭的三维流形,若其基本群是平凡的话,则其必然同胚于三维球面。这或许是一个非常之难的数学问题?!(沉吟着)关于这个问题,迄今为止,我们已经见证了数不清的失败。有那么多优秀的数学家,都会陷入同一个失败的陷阱……他们都无法处理三维空间中"纽结缠绕"的问题。

Ss　是的。"纽结缠绕"的问题。

斯梅尔　如果把我们所关注的宇宙设想为高维空间——比如五维以上的空间,情形将会如何呢?

Ss　五维以上的空间?这不是只会让问题变得更加复杂吗?

斯梅尔　嗯,是的。这会让问题变得有点复杂。不过,这样做有一个非常重要的理由,那就是曾经困扰很多数学家多年的"绳子缠绕"的问题,在高维空间却不会发生。

Ss　哦?

斯梅尔　这里有一个例子可以帮我们理解这一点。让我们在脑海中想象有一列过山车,它在三维空间中纵横交错的轨道上不停地奔跑,当我们观察地面上的轨道的阴影,这些轨道的影子会是相互交错,非常复杂地缠绕在一起的。但是当我们把视线再一次转回到三维空间,就会发现,其实轨道之间并没有相互碰撞在一起。

Ss　嗯,这倒是。不过,随着维数的增加,流形的多样性和行为也随之显著增加。

斯梅尔　是的,随着维数的增加,流形的多样性和行为也随之显著增加。但其优势是我们有了更多的机会:我们所失去的几何直观被更多的机会补偿,且补偿远远大于失去的,具有糟糕行为的函数和数学对象可以被那些具有良好行为的简单对象以任意程度逼近。流形上的纽结能够被光滑处理,函数的临界点可以相互交换位置,且往往可以抵消。

Ss　通往高维空间的旅行,呵呵,这是一个天才般的主意。

斯梅尔　(沉吟着)若将结构稳定性和托姆的横截性这两个概念加以融合,再利用庞加莱首创的,而由美国拓扑学家马斯顿·莫尔斯、米尔诺和苏联拓扑学家列夫·庞特里亚金完善的论证方法,我们将可以证明五维以上的庞加莱猜想:任何一个闭的,与N-维球面有着相同同调群的单连通N维流形,就是一个N维球面。

[斯梅尔回到舞台的中央,坐下开始在纸上记述他的数学哲思……

Ss　(看着那边处在沉思中的斯梅尔,轻轻道)亲爱的斯蒂芬,让我们在此祝贺你!祝贺你在里约热内卢的海滨……拥抱和收获这一个金色的数学奇迹!

[舞台的另一边,那位妈妈带着小女孩走过。小女孩看着沉思中的斯梅尔,有点好奇地问道。

小女孩　妈妈,那位叔叔怎么还在这里呀?

妈　妈　是啊,他怎么还在那里呢!

小女孩　他还在画画么?

妈　妈　嗯。

小女孩　妈妈,妈妈!我长大后也要当一名画家。

妈　妈　噢,是么?宝贝,那妈妈支持你!

[两人随后从舞台的一边下。

[灯光再一次聚焦在斯梅尔,逗留10—20秒后,渐渐暗下。众人下。

[随后PPT上出现如下字幕。

第四幕

第二场　高维的世界

> 时间：1950—1987 年
> 地点：普林斯顿"大学城"
> 人物：同学三人 M, L, O

旁　白　经过岁月的沉淀，20 世纪 60 年代迎来了人类有史以来数学思想发展最多产、最迅猛的时期。在世界各地，几乎每个数学领域都出现了突破。代数学、几何学和分析学走向融合，拓扑学则进入了她的黄金时代。

〔灯亮处，舞台上出现 M、L、O 三人围绕数学聊天的场景。

M　最近，我在读一篇非常有趣的论文。尽管这篇论文只有 6 页，其中却充满了浅显易懂……但很是深刻的见解。

L　哦？有何深刻的见解？说来听听——

M　比如说，那篇论文收藏有一个重要的，或许有着里程碑意义的数学发现——说的是，在七维（拓扑）球面上存在多种微分结构。

L　多种微分结构？

M　相对通俗地说，就是在其上可以有多种本质上不同的进行微积分运算的方法。

O　嗯，请问：怎样的流形上存在至少有两种微分结构？……这可是数学家们多年来一直关注的一大问题！

M　是的……在米尔诺的那篇论文里证明了，在七维拓扑球面上，并不是只有一种方法进行微积分运算，而是正好有 28 种方法！！想想看，这一结果是不是很奇妙?!

L　　米尔诺？

M　　米尔诺——约翰·米尔诺,一位来自普林斯顿大学的年轻数学家。

O　　(流露出恍然的神情)啊哈,原来是他呀。

L　　(有点惊讶,转头问道)你认识他？

O　　(微微笑了笑)哦,不认识。不过……倒是听说过有关他的一些传奇？

M、L　传奇？数学传奇？

O　　听说,呃,在十多年前,那时米尔诺还只是一名本科生,他就解决了一个古老的关于数学纽结的问题。

L　　还是一位本科生,竟然解决了一个古老的数学难题。他可真是厉害！

O　　听说,这背后的故事也很有趣,很离奇。

M　　哦,怎么说？

O　　话说有一天,米尔诺上课迟到了,当他来到教室时已是人去楼空。他看到在黑板上留下的一个数学问题,误认为这是老师留给同学们的家庭作业。于是,他花了两天时间解决这个问题。谁知道,老师留在黑板上的这个问题,竟然是一个古老的还未解决的难题。

L　　哈哈,原来是这样。米尔诺,他可真是一位天才！

M　　是的,米尔诺是个天才！在法国数学家勒内·托姆的工作基础上,他天才地,以一种出人意料的方法将拓扑学和分析学融合在一起,证明了"七维球面上有着多种微分结构"这一定理,并由此开创了微分拓扑学的领域。

O　　不管如何,米尔诺的这篇论文吸引了世界各地的数学家的想象力,开辟了一个全新的世界！

L　　可是,我还是有点……比较好奇！

O　　好奇？

L　　是啊。为什么米尔诺的定理出现在七维,而不是其他维的球面上？

M　　为什么这个定理出现在七维,而不是其他维的球面上？嗯,米尔诺的这一奇妙定理让我联想到,几年前斯蒂芬·斯梅尔关于高维庞加莱猜想的证明，为什么他的证明只对五维以上的情形有效？

○ 是呀，话说在斯梅尔的证明之后，至少有三位数学家给出完全不同的证明：英国的克里斯托弗·齐曼、美国的安德鲁·华莱士和约翰·斯托林斯都给出了完全不同的证明。

只是，让人惊讶的是，他们的方法都只对五维以上的情形有效……

[灯渐暗处，舞台上，众人下。有旁白出（或可以通过两人有选择地加以阅读）。

旁　白　经过多年的等待，那是1982年，青年数学家迈克尔·弗里德曼终于证明了四维情形的庞加莱猜想。他运用的是完全不同于高维庞加莱猜想的方法。弗里德曼在此问题上进行了8年的研究。不但证明四维的庞加莱猜想，还将所有紧的四维单连通流形进行了分类。"这是我见过的最美妙的数学，原创性是它的特征。如果弗里德曼没有做这项工作，我觉得没有人能够解决这个问题。"有智者如是说。

数学的世界就是如此的神奇：若将迈克尔·弗里德曼的技巧与西蒙·唐纳森同样美妙的工作结合，将会带给我们更加令人称奇的结果：在四维欧几里得空间中存在着无穷多种彼此不同的微分结构！

不过，最初的那个经典的"三维情形的庞加莱猜想"依然在那里，等待着年轻一代的数学家来追寻，来挑战！

"一个三维闭流形，如果其中的每个闭圈都能收缩成一点，那么它是球面么？"

[随后PPT上出现如下字幕。

第五幕

第一场　来自希腊的数学苦行僧

> 时间：1957—1970 年
> 地点：数学的世界一隅
> 人物：Rc，PC 和赫里斯托斯·帕帕基里亚科普洛斯，其他群演

［灯亮处，舞台上出现 Rc、PC、赫里斯托斯·帕帕基里亚科普洛斯和其他群演。

［这一场将分左右半场的演出，其中一边是 Rc、PC 之间的或对话或独白，另一边则是赫里斯托斯·帕帕基里亚科普洛斯，再加上其他群演的"哑剧表演"。

［经由 PPT 呈现 PC 与众多数学家的如此悬殊的比分 55∶0。

［Rc 和 PC 开始对话，或可在舞台的一角，闲坐着，聊着天，喝着茶。

Rc　庞加莱猜想先生，截至目前，已有数不清的数学家向你发起了挑战。尽管他们获得某种程度上的成功，但原先的经典的庞加莱猜想依然没有被证明。

PC　嗯。

Rc　三维流形看上去是如此的隐秘。人世间的宇宙是一个三维流形，他们生存在其中。"一个三维闭流形，如果其中的每个闭圈都能收缩成一点，那么它是球面么？"

PC　（微微一笑）不可说，不可说。

Rc　哦。那么，在这些数学挑战者中，你印象最深的是哪位（或者哪几位）数学家？

PC　（沉思着）在这漫长的近百年的历程中，有着诸多有趣的、奇特的人与事。若说印象最深的，我想是一位名叫——赫里斯托斯·帕帕基里亚科普洛斯的数学家。

Rc　帕帕基里亚科普洛斯？

PC　(陷入回忆)这则数学往事,发生在普林斯顿高等研究院的所在地。这座被誉为"数学科学圣地"的知识殿堂,自 1930 年初创立以来,云集了诸如阿尔伯特·爱因斯坦、库尔特·哥德尔这样的科学大师。

Rc　普林斯顿高等研究院是一个奇特的所在。

PC　(沉吟着)20 世纪 50 年代的普林斯顿高等研究院,也是数学拓扑学的学术研究圣地。有许多大牌的拓扑学家:亨利·怀特海、拉尔夫·福克斯、所罗门·莱夫谢茨……

Rc　还有赫里斯托斯·帕帕基里亚科普洛斯？

PC　嗯。在 1950 年前后,帕帕基里亚科普洛斯心怀证明庞加莱猜想的抱负,离开了陷入战乱的祖国希腊,远渡重洋来到美国。随后在普林斯顿,他证明了三个重要的定理:the sphere theorem, Dehn's lemma, and the loop theorem。它们被认为是证明庞加莱猜想的基石。其中,那篇证明了著名的数学界难题"德恩引理"的论文,更是因其出色的证明方法而备受赞誉。

[随后 PPT 上呈现如下文字和语声:

The perfidious lemma of Dehn	奸诈的德恩引理
Was every topologist's bane	残害了多少拓扑学家
Till Christos Papa	直到赫里斯托斯·帕帕
Kyriako	基里亚科
Poulos proved it without any strain	普洛斯毫不费力地证明了它

[舞台的一边,帕帕基里亚科普洛斯,还有其他群演进行相应的哑剧表演。

PC　当时,很多人都认为,第一个证明庞加莱猜想的一定非"帕帕"莫属。

Rc　帕帕？

PC　"帕帕"是数学家同仁们给赫里斯托斯·帕帕基里亚科普洛斯起的昵称,因为他的名字太长、太难念了。

Rc　哦?!

PC　帕帕在普林斯顿非常有名,除了他与庞加莱猜想相关的研究,还因为他"奇特"

的作息时间。

Rc　"奇特"的作息时间？

PC　他会在每天早上8点钟出现在餐厅吃早餐，8点半准时开始研究工作。11点半吃午餐，12点半返回继续工作。然后15点进入公共休息室喝下午茶，16点又返回办公室。

Rc　这是一位有趣的学者。

PC　当时就读于普林斯顿大学的学生们见证：那时候每天清晨在上学的路上，他们都能在同样的地方看到帕帕教授的身影。

[随着舞台一边哑剧的铺开，PC继续缅怀道。

PC　每天早晨，帕帕一定会由这条小路步行走进数学系的那一栋楼。他经过这里的时间，总是在差不多快到8点钟，准确到你都可以根据这个来对表。

Rc　有趣，有趣。

PC　他走路的时候，经常拿着一个公文包。我相信那里面的东西一定是绝对保密的。

Rc　秘密？那里面会有什么呢？

PC　或许是……装载有诸如关于证明庞加莱猜想的哲思？

Rc　哈哈，也许是。

PC　他把所有的时间全部贡献给了数学，特别是拓扑学的研究。在研究院的附近租了一间公寓后，专心于庞加莱猜想的证明工作，沉浸在与庞加莱猜想战斗的世界里，就连休息日也从不外出。这也使得他越来越远离周边的人群。这样，总是一个人独自待着的帕帕，慢慢地也被人们冠以"苦行僧"的外号。

Rc　数学苦行僧？

PC　每天上午，他几乎不和任何人讲话，午餐也是一个人吃。然后总是匆匆忙忙吃完午餐就回到研究室，全身心地投入到这个伟大命题的研究工作中去……

Rc　记得在普林斯顿有这样的传统，每天的15点，大家都会聚集到公共休息室，一边喝着红茶一边交流。不管是数学家、物理学家还是历史学者，各个领域的学者们不拘泥于专业,聚集在一起就最新的研究成果展开讨论。

PC　是的。这大约是他唯一会在大家面前出现的时间了。而出现在下午茶会的帕帕,他的举动每次都完全相同,毫厘不差。他会在整 15 点的时候进门,然后靠坐在公共休息室暖炉旁边的同一把椅子上,每天必然要阅读《纽约时报》。读完报纸以后,他把报纸放回到桌子上,以便于其他人取阅,然后会稍微喝点茶,加入大家的讨论中。如果有人走近,也会进行交流,但是话题从不涉及他自己的事情。似乎就连刚才自己读的是报纸的哪一部分,都不想让别人知道。他可能是不想让周围的人打扰自己,这样自己的注意力就可以只集中到一个问题点上。

Rc　他是一位奇特而有趣的学者。

PC　(喃喃道)很多的时候,数学家的生活是苦乐交织的,他们往来于现实世界与特别的"数学世界"之间。能够打开"数学世界"大门的人寥寥无几,但"数学世界"中存在永恒的真理,能够理解那一切的人可见到"数学世界"中真正的、纯粹的美……

赫里斯托斯·帕帕基里亚科普洛斯,这位最接近庞加莱猜想的智者,他一生的大部分时间是在"那个迷宫般的数学世界"度过的。他在那个世界中发现的最大宝物就是"庞加莱猜想",他本想记录描述那纯粹极致的美,但是最终也未能实现……

Rc　嗯,这位沉迷于庞加莱猜想的学者,让人敬仰!

PC　如果有一天,你去普林斯顿,瞻仰帕帕的墓地……请转告他,他是我一生中最为尊敬的对手!

Rc　(轻轻道)我会的。

〔灯暗处,舞台上,众人下。随后 PPT 上出现如下字幕。

第五幕

第二场　瑟斯顿的梦境

> 时间：2010 年前后
> 地点：数学迷宫的世界
> 人物：瑟斯顿(H)，庞加莱，里奇数学思想的精灵：E，L，M，N，T，S，TH

[灯亮处，舞台呈现有三桌三椅，舞台的中央，有一人似在思考，却也不在思考。这一话剧故事或许在瑟斯顿的梦境中呈现……

[庞加莱从话剧舞台的一边上，他在沉思中。2—3 秒后，里奇从舞台的另一边上，两人相遇在舞台的一隅。

里　奇　　　　喔，庞加莱先生，好久不见！没想到会在这里遇见您！

庞加莱　　　　(停下脚步，抬头微笑道)您好，里奇先生，好久不见。这段时间您在忙什么呢？

里　奇　　　　闲来无事，前些天去人间走了走，看了看……这不，今儿才回来。

庞加莱　　　　人间？

里　奇　　　　是啊，这尘世的地球呵，这些年可真热闹哈！

庞加莱　　　　热闹？哦？

里　奇　　　　那……20—21 世纪的数学江湖，故事可真多。其中呵，有不少……和您有关呢。

庞加莱　　　　(好奇地)哦？说来听听。

里 奇	遥想当年,您给数学世界的后来者留下诸多宝贵的科学财富……比如说,还记得么,你以一己之力开创了代数拓扑学这一数学领域。
庞加莱	(沉吟着)拓扑学?是啊,这让人不由得想起我与克莱因教授一道进行数学比赛的日子。
里 奇	现如今,您最初创造的代数拓扑学思想已经深入数学的各个领域。拓扑学和物理学之间的联系,以及拓扑学和计算机科学之间的联系开始逐渐显现……新的拓扑不变量的发现也引导着一些低维流形研究中以前不为人知的不变量出现。
庞加莱	哦,不错!
里 奇	当年您在研究天体物理时发现的混沌现象,也被完全整合进了数学思想中;其中一个著名问题就是那些由流体决定的方程,特别是飓风的形成是否存在混沌模式。回看整个20世纪中所取得的史无前例的科学成就,你会发现庞加莱的影响无所不在。
庞加莱	哈,真高兴啊!
里 奇	不过,最近这21世纪的数学江湖,这些年最为热门的一件事哈,是……有一位天才的俄罗斯数学家证明了您名下的……那个著名的庞加莱猜想!
庞加莱	(露出惊讶的神情)哦,那个问题被证明了?
里 奇	是的,它被证明了。有趣的是,这用于解决问题的分析方法,竟然和我还有点关系,叫作……叫作 Ricci flow。
庞加莱	Ricci flow?
里 奇	这一则七彩的故事,或可由"瑟斯顿的几何化猜想"说起,这一则七彩的数学故事,不妨称作"瑟斯顿的梦境"!

[灯渐暗处,两人下。

[在两人从舞台一边下的同时，L、N、S 从舞台的另一边上。

L　或多或少，因为它与相对论的联系，微分几何学在 20 世纪迎来了它的鼎盛期。但是克莱因、庞加莱和希尔伯特意义上的几何学，在半个多世纪以来，并没有什么进展……

N　直到 20 世纪 70 年代，有一位数学天才改变了这一切。这位天才，名叫比尔·瑟斯顿！

S　瑟斯顿的几何学，体现了自黎曼时代以来最丰富，也是最新颖的几何想象力。

[TH 从舞台中央那位沉睡者——瑟斯顿的身后走上舞台前。

TH　让我们设想，如果我们生活在某个三维流形上，那将会是什么样的情形？如果我们生活在一个遍布许多物体的三维环面上，那么我们将会看到什么？它的大小和物质有何关系？相对于流形的大小，光的速度又是多少？当某人远离我们时，我们又将会看到何种景象？

[与此同时，E、M、T 从舞台的一边上。

E　克莱因和庞加莱曾在二维世界所追寻的，如此动人心弦的问题在三维空间是否也可以发生?!

M　只是事情如此棘手，像每个曲面上只有唯一自然的几何结构这样奇妙的结果，人们甚至不敢抱有能在三维情形下……找到类似结果的希望。

T　三维流形是如此之多，唯一的规则就是没有规则。

TH　让我们扪心自问，人们所谓的美妙的几何结构到底意味着什么？对二维情形，它指的是许多不同定义之间的相容。常曲率意味着在所有点，所有方向上测量长度和角度遵循相同的原则。可是在三维情形，存在数种可能的

	定义,它们之间互不相容。
L	瑟斯顿天才地提出了一种现在被广泛接受的新定义,并证明了,相对于二维世界中的3种几何结构,三维世界中存在8种,且只有8种不同的几何结构。(同步经由PPT出现相应的画片)
N	除球面、平直和双曲几何结构外,某些混合型几何结构存在于非常特殊的空间中。
S	借助他所创造的叶层理论之方法,瑟斯顿勾画出一幅绝妙的数学之图画:大部分的三维流形具有双曲结构!这一数学结果让人惊讶,却又在情理之中。
TH	关于"哈肯流形的双曲化定理"的确让人惊讶,由此我们不妨来猜想(同步经由PPT出现相应的文字):任何三维流形都可以以某种本质上唯一的和自然的方式,沿着二维球面和环面被切成小片,所得到的每一片都具有其(形如)上8种几何结构中的一种。
E, M, T	这个断言,以"瑟斯顿几何化猜想"著称。其中蕴含和包含着庞加莱猜想。
L, N, S	瑟斯顿的这一猜想,为我们展现了一幅关于三维流形的分类问题的蓝图,经由此,可以一窥数学世界诸多领域:拓扑、几何和分析之间的数学桥!
E, M, T	在瑟斯顿的工作之前,数学家认为庞加莱猜想或许正确的唯一理由是,没有人能够找到反例。自从有了瑟斯顿,人们找到了庞加莱猜想正确性的一大理由。也许所有的三维流形是由具有几何结构的小块构建而成的!
L, N, S	几何学与拓扑学存在于你我的日常生活中。除球形外,自然界还充满着其他各种形状。可是,不论宇宙是什么形状,都必定可以分解为最多8种各自不同的几何结构,这是多美妙的一件事?!
E	瑟斯顿的工作激发了数学家们绝妙的想象力。他所设想

的几何结构出现在每个地方。双曲流形的不变量开始在拓扑学和代数几何中发挥重要作用。然而,没有人知道瑟斯顿的几何化猜想当如何向前推进。方法或许很多,困难依然存在!

M　　一些有希望的思想来自分析学。

T　　当岁月的步履来到20世纪80年代,数学家理查德·哈密尔顿天才地提出用一种独特的方法来"证明"庞加莱猜想,这就是Ricci flow(里奇流)方程。

L　　哈密尔顿的里奇流方程是流形上的一类非常独特的微分方程(组),它的一边,是黎曼度量关于时间的导数。

N　　而另一端,则连接着里奇张量——这一奇特的数学存在,源自意大利数学家里奇。

S　　数学家们期待通过里奇曲率的驱动和里奇流的演化,来完成一系列的拓扑手术,构造几何结构,将不规则的流形变成规则的流形,从而解决几何化猜想以及庞加莱猜想。

TH　请问,在座的是否知道,偏微分方程,这一工具在数学和物理学的世界无处不在……

E　　通过将电场和磁场的变化及相互作用描述为电磁场中点和方向的函数,麦克斯韦方程将电学和磁学合二为一。

M　　联系着物质、空间曲率和引力的爱因斯坦方程也是一种奇特的偏微分方程。

T　　同样的还有控制着液体流动、热传导的方程以及量子力学中的薛定谔方程,也都是偏微分方程。

TH　它们都是数学科学家们驾驭科学问题的奇妙工具。

L　　在二维曲面的情形,哈密尔顿和他的合作者证明了:每一个紧曲面,经由里奇流的演化,最后都可得到一个常曲率曲面。

N	曲率逐渐散开,最终变为常数。
S	这给出了任意二维流形只有唯一几何结构的一个简单证明。想当初,这一定理的证明曾耗费了克莱因和庞加莱大量的精力!
E	可是对于三维流形,在一般情况下,里奇流总是会产生奇点。
M	如果流形上某些点的曲率为零,里奇流就会产生可怕的奇点。糟糕的是,这些奇点带着众多的可能性。
T	也许能够在某些奇点附近做出估计,但是看上去并没有一个能处理所有奇点的一般方法。
L, N, S	分析学家喜欢估计,但几乎所有其他数学家都不喜欢他们,因为对估计的操作需要极高的技巧。而对奇点附近的估计除了极高的技巧外,还需要大胆的想象力。
E, M, T	让我们感谢哈密尔顿,他在里奇流理论上做出了最为重要的贡献。他的诸多研究和一系列论文,为我们描绘了一个奇妙的哈密尔顿纲领。
TH	哈密尔顿设想通过拓扑手术将奇点去掉,此后继续他的方程。如果再次发展出奇点,则重复手术,继续前进。
E, M, T	如果我们可以证明在任意有限的时间内只需做有限次手术,并且里奇流方程的解的长时间行为得到了好的理解,我们就能够识别出初始流形的拓扑结构。
L, N, S	因此,如若哈密尔顿纲领可以被成功推进,将会导引出庞加莱猜想以及瑟斯顿几何化猜想的证明!
TH	2002 年 11 月 11 日起,格里戈里·佩雷尔曼先后在 arXiv 网站上张贴了三篇论文。在这些论文里,他证明了理查德·哈密尔顿关于里奇流的几乎所有猜想。
E	哈密尔顿曾对里奇流的奇点进行了分类,并开始了初步的分析。

M	佩雷尔曼则百尺竿头,更进一步,深入到里奇流的奇点附近进行探险。当曲率变得如此之大,以至于流形上的空间快要消失之时,他发现了意料之外的规律。
T	他引入了新的数学工具来估计潜在的空间崩塌。他还证明了,某种类型的奇点永远不可能出现,而其他类型的奇点则处于某种受控状态下。
TH	可以想象,里奇流丰富的几何特性在奇点附近最为明显。
L	佩雷尔曼天才地证明了,当里奇流演化时,出现奇点的区域会变成原先流形中可被挖去的区域,并拥有在瑟斯顿意义下的均匀几何结构。
N	佩雷尔曼天才地证明了,当这些区域被挖去时,我们就能重新启动里奇流,直到产生新的奇点以及伴随它们的具有均匀几何结构的区域。将这些区域挖去后,又可以在此启动里奇流。
S	里奇流是处理流形的机器,拉伸并改变流形,从中挖去具有均匀几何结构的区域。最后,整个流形被分解为几何上的小片。
E, M, T	万语千言一句话,佩雷尔曼天才地完成了哈密尔顿纲领的证明,因此也完成了瑟斯顿几何化猜想以及庞加莱猜想的证明!
L, N, S, E, M, T, TH	这个问题必将引领我们到达那遥远的世界。

[灯暗处,众人下。随后 PPT 上出现如下字幕。

第六幕

第一场　佩雷尔曼的天空

> 时间：2010年的某一天
> 地点：中国上海
> 人物：数学嘉宾Rc，柳形上（《竹里馆》节目主持人），现场观众

柳形上　同学们，老师们，朋友们，这是华东师大数学文化类栏目《竹里馆》的节目现场。让我们再次欢迎里奇流的到来。（此处可以有掌声）谢谢里奇流先生与我们一道分享了如此众多精彩的故事！

Rc　庞加莱猜想背后的数学故事，那可是说不完的。

柳形上　嗯。庞加莱猜想和佩雷尔曼的证明是我们这个时代最伟大的数学科学成就之一，它告诉我们许多关于可能世界和宇宙形状的信息。

Rc　是的。这是一个伟大的历程。

柳形上　这是一个伟大的历程。有如此多的数学家参与其中，天才的思想在这里碰撞，推动着数学科学的进步。

Rc　如同天才人物的灵思一动，数学科学的进展同样依赖千千万万其他人的成果，一道来讲述这一宏大的故事。

柳形上　一个半世纪前，天才的黎曼引入流形作为探索空间不同区域的数学工具。在他1854年的演讲中，黎曼认为应该存在其他的模型。

Rc　嗯。

柳形上　50年后，庞加莱完成了他关于代数拓扑的工作，留给了我们庞加莱猜想。然后是一个世纪的等待之后，佩雷尔曼证明了庞加莱猜想，为我们献出一

份能够比拟庞加莱以及黎曼所留下的知识的礼物。

Rc　一百年前,庞加莱发明了代数拓扑学,以帮助数学家理解分析学领域中——那些主宰行星运动的方程所产生的混沌行为。有趣的是,一百年后,佩雷尔曼却利用分析学解决了拓扑学中最重要的一个问题。数学中各领域之间的相互作用,真是奇妙!

柳形上　嗯。庞加莱的工作为20世纪数学的花朵提供了土壤。纵观证明庞加莱猜想的历程,它与20世纪绝大多数几何学与拓扑学的进展都有着密切的联系。庞加莱猜想的每一步进展都为数学带来丰硕成果。

Rc　而那些涉及其中的数学家则得到了菲尔兹奖,他们是米尔诺、斯梅尔、弗里德曼、唐纳森、瑟斯顿以及丘成桐……这些菲尔兹奖获得者的工作,或多或少连接着庞加莱猜想。

柳形上　因此,我们有理由说,正是站在这些巨人的肩膀上,佩雷尔曼证明了庞加莱猜想!

Rc　这些"数学巨人"中最特别的一位,要数理查德·哈密尔顿,是他花费超过25年时间辛苦地打下了里奇流的基础。

柳形上　我们还要感谢许许多多来自世界各地的数学家参与探讨佩雷尔曼的工作,他们在理解和重新诠释佩雷尔曼思想的过程中发挥了重要的作用。

Rc　坎布里奇、石溪、普林斯顿、格勒诺布尔、的里雅斯特和慕尼黑……这些都市见证了这一伟大的科学历程。庞加莱猜想的证明是全人类共有的智力财富!

柳形上　让我们回到节目最初,我们谈到10年前(那是2000年5月)克莱研究所的高级顾问委员会确定7个长期未解的数学问题为千禧年问题,并为每个问题的解答提供一百万美元的奖励。

Rc　嗯。这7个问题都是数学家所熟悉的问题,都被认为是极其困难、具有重大意义的问题。第一个被解决的问题就是庞加莱猜想。

柳形上　佩雷尔曼因此成为千禧年数学大奖的第一位获奖人!可是,他竟然拒绝了这一百万美元的财富?!我想底下肯定有不少观众很是好奇。那么,在您眼里,佩雷尔曼,他究竟是怎样的一个人?

Rc　　　　他是一个天才。

柳形上　　他当然是一位天才。佩雷尔曼自小就显露出超常的数学禀赋和学者气质，无论多么难的题，他都能"化腐朽为神奇"，解决它。1982年，16岁的佩雷尔曼更是一战成名，获得国际数学奥林匹克竞赛的金奖，并且是有史以来的最高分——42分（满分）！

Rc　　　　他是一位怪人。

柳形上　　嗯，他拒绝了数学界的最高奖——菲尔兹奖，他拒绝了一百万美元的千禧年大奖，他拒绝了斯坦福大学、麻省理工学院、普林斯顿等著名学府向他抛出的橄榄枝和高薪聘请。佩雷尔曼的生活简约到极致，他似乎永远都穿着同一件衣服，胡子拉碴，不剪指甲。他的食物只有面包和酸奶。偶尔他会骑车去森林里采蘑菇……

Rc　　　　他还是一位数学隐士！

柳形上　　他用了7年多的漫长岁月，与世隔绝，卓然独立，成功破解了庞加莱猜想。在此之后，他与先前所有的相知者全部断绝了联系。2006年之后，这位被誉为数学隐士的奇才终于完全消失在人们的视线中了。有人说他和母亲一道居住在圣彼得堡郊外一处秘密的屋子里，有人说他移居到了另外一个国家……

Rc　　　　是的。为了躲避记者的追逐，他从此杳无踪迹，在人类的"流形"上彻底隐没了。

柳形上　　在名利面前，纯粹如佩雷尔曼，实在罕见。

Rc　　　　是的。佩雷尔曼对金钱和名誉完全没有兴趣。对他来说，最大的奖励就是证明数学真理！

柳形上　　真是好奇，这个绝世的数学天才，他现在——在哪里？

Rc　　　　"如果有人对我解决问题的方式感兴趣，它就在那儿。我公布了所有的计算。这是我能提供给公众的。"这位天才数学家曾如是说。

柳形上　　真是好奇……佩雷尔曼心灵的天空，是怎样的一派景象？

Rc　　　　他在哪里？尽管他离开了数学界，但未必离开了数学的世界。如果真有一方天地叫作数学,在那里的某座高塔上,一定能见到他在思考着数学的真理……

柳形上　如果真有一方天地叫作数学,在那里的某座高塔上,一定能见到这个绝世的天才,依然在思考着数学的真理……说得真好!呵,里奇流先生,希望在《竹里馆》的奇妙舞台上再次遇见你——哦,期待你以后多来我们的节目做客!

Rc　　　好的,谢谢!

柳形上　谢谢里奇流先生!谢谢在场的观众朋友们!这一期的《竹里馆》到此结束,让我们期待——明年的精彩!

〔灯暗处,舞台上,众人下。

〔音乐响起,随后迎来话剧的谢幕时刻。

二、

佩雷尔曼的天空

第一幕

第一场　最后的对话

> 时间：2007年1月的某一天
> 地点：英国牛津大学
> 人物：约翰·鲍尔，记者

[灯亮处，舞台上出现两人的身影。

记　者　鲍尔爵士，很高兴您能接受我们的采访。

鲍　尔　谢谢，我也很高兴……可以再来聊聊佩雷尔曼博士的故事。

记　者　去年（那是2006年）8月，第25届国际数学家大会在西班牙马德里召开。作为国际数学界4年一次的盛会，去年的那一届吸引了来自世界各地的4 000多名数学家出席……

鲍　尔　没错。

记　者　我们依然记得那次大会开幕式上最为独特的一幕。那时您还是国际数学联盟主席，您宣布："本届菲尔兹奖授予来自圣彼得堡的格里戈里·佩雷尔曼博士"之后，会场上响起了雷鸣般的、经久不息的掌声。

鲍　尔　嗯。那次的掌声让人印象深刻！

记　者　如此热烈的掌声，是与会者对"佩雷尔曼证明了庞加莱猜想"这个称得上是数学界百年一遇的奇迹的赞叹……

鲍　尔　我想是的。

记　者　可是，在您随后宣布"佩雷尔曼博士放弃领奖"这一消息时，您那苦涩的表情也给人们留下了深刻印象！

鲍　尔　很遗憾，佩雷尔曼博士并没有出现在现场。他拒绝——前来领奖！

记　者　在此之前,还从来没有任何一位数学家拒绝领取这数学界的最高奖——菲尔兹奖!

鲍　尔　没错。(稍停)可是……如今因为佩雷尔曼博士,菲尔兹奖历史上首次出现了没有颁发出去的奖章。

记　者　(拿起舞台桌上的一枚道具奖章,同步经由 PPT 呈现相关的画片)这代表"数学界最高荣誉的菲尔兹奖章"呵,正面雕刻着的是,古希腊数学家阿基米德的头像,而侧面则雕刻有获奖者的名字。(稍停)在 2006 年之前的 70 年间,只有 44 位数学家获得过……

鲍　尔　是的。

记　者　我很是好奇,那枚专属于佩雷尔曼博士的奖章,现在在哪里?

鲍　尔　我想,它应该在德国柏林。

记　者　哦?

鲍　尔　按照规定,四年一度的国际数学家大会结束后,IMU(国际数学联盟)事务局就会进行主办国的轮换,同时对全部职员进行更换。而在去年的国际数学家大会之后,我很快就卸任了 IMU 主席一职。

记　者　听说下一届国际数学家大会的主办国是印度?

鲍　尔　是的。本应该颁发给佩雷尔曼博士的菲尔兹奖章随后被转移到柏林,交由事务局进行严密保管。(随后他微微笑了笑,继续道)老实说,卸任之后再也不用担负着奖章保管这个重要任务了,从那以后我真是松了一口气。

[记者和观众跟着一道笑了。

记　者　鲍尔爵士,听说在去年的国际数学家大会之前,您和佩雷尔曼博士有过一次对话,是吗?

鲍　尔　是的。我们的第一次交谈发生在去年——嗯,那是在 2006 年的春天,之前我们根本不认识。(稍停)当时 IMU 委员会内部已经做出决定,将菲尔兹奖授予佩雷尔曼博士。为确认对方意愿,我才打电话给他本人。

记　者　哦?当时的情形是怎样的?

鲍　尔　我当时告诉他:"委员会已经一致决定将本年度的菲尔兹奖授予您,希望您能够接受。"

记　者　那佩雷尔曼博士的答复是？

鲍　尔　佩雷尔曼博士以非常流利的英语答复："不，我不需要这个奖！"（稍停，继续道）听起来，他对这个领奖通知一点儿都不觉得惊奇，似乎早已经考虑清楚了，如果有类似通知的话，自己应该怎么处理。

记　者　哦？那您接下来该怎么办呢？

鲍　尔　我只好马上改变方式，询问他，如果我前去圣彼得堡访问，是否可以会面。这次他很爽快地答应了。

记　者　啊……他竟然答应了？！

鲍　尔　是的，他答应了。于是，在2006年6月中旬，我只身来到圣彼得堡。怀着一个微弱的希望，想象着通过面对面的对话，佩雷尔曼博士也许会改变主意。

记　者　那……他有一点点改变主意么？

鲍　尔　（沉吟着娓娓道来）我并不认为成功的可能性会很高，不过，能够当面试着去说服他，这个机会才是最重要的。（稍停，继续道）我身边的很多数学家都拜托我去做这件事，我自己也非常期待。如果——最终——这次菲尔兹奖被获奖人放弃，到时一定会引起轩然大波，这一点我们都非常清楚。因此，我们当时的考虑是，即使这次游说以失败告终，我们也应该借此机会更加深入地了解他的真实想法。

记　者　您在圣彼得堡见到佩雷尔曼博士的第一印象是怎么样的？

鲍　尔　我们约在欧拉研究所见面，我先到的，没过多久，佩雷尔曼也到了，他在大楼的外面等着我。（稍停，继续道）他的样子非常显眼，留着长长的胡子和指甲，因此非常容易辨认出来。但这些都不是重点，我只对他说的内容感兴趣。他好像不是很想进入欧拉研究所，因此我们边交流边换了个地方。

记　者　他为什么不太愿意到欧拉研究所里呢？

鲍　尔　具体原因我没有问。不过我推测，这很可能是因为他的一贯立场，就是认为自己不属于数学界的一员，也不想属于数学界，所以他才不愿意——进欧拉研究所这样的数学研究机构吧。

记　者　是什么原因让他产生了这样的想法呢？

鲍　尔　这是他的个人隐私，我不想多说什么。但是，很明显，应该是发生在他身上的某些事情，使他认为自己不属于数学界，也不想属于这个群体。因此，他并不愿意被人们视为数学界的代表人物，这是他谈到的不想领奖的理由之一。

记　者　那您是怎么认为的呢？您认同他对数学界这样的态度吗？

鲍　尔　数学家和很多科学家一样，非常认真严肃。佩雷尔曼博士是一位特别清高的数学家。也许，他的态度的形成，正是源自他在数学学术研究上一贯坚持的毫不含糊、明确清晰的风格吧。

记　者　他对是否领奖这件事的看法很固执吗？还是表现出愿意倾听您的意见呢？毕竟您想要说服他接受菲尔兹奖这件事是非常重要的。

鲍　尔　两方面都有吧。他对自己的意见很是坚持，从我们最初通电话，到结束圣彼得堡两天的会面分别之际，我认为他自始至终都没丝毫动摇。但同时，他也认真听了我的话，并且一一作答。

记　者　在两位会面的这两天，对自己所进行的研究，佩雷尔曼博士是否表达过自豪感和成就感呢？

鲍　尔　我曾经问他是否对自己获得的成功感到骄傲，他的回答是"当然"。

记　者　您认为您那次访问是成功的吗？

鲍　尔　这个很难说。我最终没有说服他改变自己的决定，从这一点来看，结果是失败的。但是通过这次机会，能够更多地了解关于他本人的一些事情，以及我们双方的想法，能够一起讨论许多存在的问题，我认为这是非常好的一面。他是非常诚实的人。我很享受和他见面谈话的过程，仅这一点，我已经觉得是非常大的收获了。

记　者　请问，您知道——佩雷尔曼博士最近在哪里吗？

鲍　尔　我最近都没有和佩雷尔曼博士联络过，很抱歉，我也不知道他现在到底在哪里。

〔灯暗处，舞台上，两人下。随后PPT上出现如下字幕。

第二幕

第一场　问世间　天才为何物

> 时间：21世纪的某一天
> 地点：上海
> 人物：高斯(女,16岁的高中生),欧若拉(28岁的数学博士后)

〔灯亮处,舞台上的一角,高斯在看一段有关佩雷尔曼的网络纪录片,她的脸上呈现出几许有所触动的神色。

〔欧若拉从舞台的一边上。

〔高斯听到有人进门的声响,看见欧若拉从舞台的一边上,语道。

高　斯　　噢,姐姐,你回来了。

欧若拉　　(放下手中的东西,笑道)在看什么呢?

高　斯　　姐姐,你知道——佩雷尔曼么?

欧若拉　　佩雷尔曼?知道!那可是一位天才数学家!

高　斯　　是呵,他还是一位非常奇特的天才数学家呢!

欧若拉　　(有点惊讶)高斯,你怎么也关注起佩雷尔曼来了?

高　斯　　我呀,正看到一个有关佩雷尔曼的网络纪录片,知道一些他奇特的故事。比如说,他拒绝了数学界的最高奖——菲尔兹奖。

欧若拉　　佩雷尔曼拒绝的,可不单单有菲尔兹奖,他还拒绝了一百万美元呢!

高　斯　　数学界的最高奖——菲尔兹奖,价值有一百万美元?

欧若拉　　不是。我说的是,另外一个奖项,克莱数学研究所在2010年颁给佩雷尔曼的千禧年数学大奖。

高 斯	克莱数学研究所？千禧年数学大奖？
欧若拉	嗯。克莱数学研究所是一个以促进和传播数学知识为己任的研究所。它成立于1998年，由美国慈善家兰登·克莱(Landon Clay)与拉维尼娅·克莱(Lavinia Clay)出资捐建。(稍停)2000年5月，这家研究所的高级顾问委员会确定7个长期未解的数学问题为千禧年问题，并为每个问题的解答提供一百万美元的奖励。
高 斯	哦，是么？
欧若拉	这7个问题都是数学家所熟悉的问题，都被认为是极其困难、具有重大意义的问题。这第一个被解决的问题就是——庞加莱猜想！
高 斯	佩雷尔曼因为解决庞加莱猜想，可以获得一百万美元？
欧若拉	没错。
高 斯	佩雷尔曼可真牛啊，随随便便就拒绝了一百万美元？！
欧若拉	是啊。佩雷尔曼是一位很有个性的天才。他拒绝了许多事物——他在2010年拒绝了百万美元的千禧年数学大奖，在2006年拒绝了数学界的最高奖——菲尔兹奖！(稍停)他还拒绝了斯坦福大学、麻省理工学院、普林斯顿等著名学府向他抛出的橄榄枝和高薪聘请……
高 斯	(讶然道)什么？他连斯坦福大学、麻省理工学院、普林斯顿这些……这么有名的大学也拒绝了？
欧若拉	是的。他拒绝了！
高 斯	这，佩雷尔曼可真……可真不是一般的牛啊？！
欧若拉	那是。哦，对了，我还记得，他的名字曾出现在《科学》杂志的头条呢！
高 斯	《科学》杂志？头条？
欧若拉	记得在2006年有个科学界的重大新闻是有关庞加莱猜想的？噢，等等，我来查查看。(拿出手机，查阅着，说道)有了，2006年"科学界的奥斯卡"……

| 高　斯 | （凑上前去，读道）美国《科学》杂志是世界上最有影响的科技刊物之一，被誉为"科学界的奥斯卡"。其在 2006 年 12 月 21 日公布了该刊评选出的 2006 年度十大科学进展，其中科学家证明庞加莱猜想被列为头号科学进展。|

［随后两人一起继续读道：

欧若拉、高斯	《科学》杂志说，科学家们在 2006 年完成了"数学史上的一个重要章节"，这个"有关三维空间抽象形状"的问题终于被解决了。
欧若拉	庞加莱猜想属于数学中的拓扑学分支，1904 年由法国数学家庞加莱提出，即如果一个封闭空间中所有的封闭曲线都可以收缩成一点，那么这个空间一定是三维球面。百余年来，数学家们为证明这一猜想付出了艰辛的努力。
高　斯	被称为"数学隐士"的俄罗斯数学家佩雷尔曼在证明庞加莱猜想过程中发挥了最为重要的作用，后来三个独立的小组又进一步填补了佩雷尔曼证明中缺失的关键细节，百年难题终获破解。
欧若拉	《科学》杂志称，数学家们已经达成共识，认为这一著名的猜想已经被证明。
高　斯	（喃喃道）原来佩雷尔曼解决了一个有着百年历史的超级难题啊…… 怪不得他可以获得数学界的最高奖！怪不得他可以获得一百万美元的千禧年数学大奖！
欧若拉	（轻声说道）是的，他以绝世的天才，解决了有着百年历史的庞加莱猜想。
高　斯	姐姐，你能多讲一些关于佩雷尔曼的故事吗？
欧若拉	佩雷尔曼是一位天才。据说他拥有 220 以上的智商。他自小就显露出超常的数学禀赋，无论多难的题，他都能"化腐朽为神奇"，最后解决它。1982 年，16 岁的佩雷尔曼更是一战成名，获得国际数学奥林匹克竞赛的金奖，并且是有史以来的最高分——42 分（满分）！
高　斯	42 分？

欧若拉　　佩雷尔曼也是一个怪人。正如刚才提到的,他拒绝了许多奖项和高等学府的高薪聘请。可是,佩雷尔曼的生活简约到极致,他似乎永远都穿着同一件衣服,胡子拉碴,不剪指甲。他的食物只有面包和酸奶。

高　斯　　他真是——很奇特!

欧若拉　　他是一位数学隐士。他用了7年多的时间,成功地证明了庞加莱猜想。在此之后,他与先前所有的相知者断绝了联系。2006年之后,这位被誉为数学隐士的奇才终于完全消失在人们的视线中。有人说他和母亲一道居住在圣彼得堡郊外一处秘密的屋子里,有人说他移民到了另外一个国家……(稍停)对了,最近出版了一本有关佩雷尔曼的传记。你若感兴趣,过两天我帮你借来看看。

高　斯　　那最好了,谢谢姐姐!

〔灯暗处,两人下。随后PPT上出现如下字幕。

第三幕

第一场 天才的童年

> 时间：20 世纪 70—80 年代
> 地点：列宁格勒市郊
> 人物：(少年时代的)格里戈里·佩雷尔曼，亚历山大·戈洛瓦诺夫，伯利斯·苏达科夫，塞奇·卢克欣，他们的教练和老师，以及其他同学群演，如 E,S,K

〔在舞台道具上场时刻，出旁白曰。

旁　白　在某种意义上，竞赛数学很像是一种运动。它有教练、俱乐部、训练期，当然也有比赛。天生资质当然很重要，但要取得成功靠这远远不够。有天赋的孩子需要遇到正确的教练、正确的团队，以及家庭支持，当然更重要的是，需要有赢得比赛的意志。

1976 年秋天，格里戈里·佩雷尔曼来到"列宁格勒先锋宫数学俱乐部"。作为俱乐部中的数学丑小鸭之一，他的天才之旅在这里起航。

〔灯亮处，舞台上出现了一群学生：佩雷尔曼、戈洛瓦诺夫、苏达科夫，以及他们的教练卢克欣老师；还有其他群演。

〔这是一间静谧的教室。同学们都在静静地思考着。而在黑板上（经由 PPT 呈现）有一组数学问题——等待着他们来回答。

1. 已知教室里有 6 个人。请证明：在这 6 个人当中，要么有 3 个人互相之间都不认识，要么有 3 个人互相之间都认识。

2. 设在平面上有 5 个点，其中任意 3 点均不在同一条直线上。求证：这 5 点中必有某 4 个点可构成一凸四边形。

3. ……

〔舞台上，最先可以有一段时间的哑剧表演：

［灯光照向独坐在教室一隅的那位小小天才，少年时代的佩雷尔曼。他盯着纸上的一个图形，其思想过程几乎在他本人的大脑中进行，而不在稿纸上进行记录。佩雷尔曼也喜欢做些小动作：哼唱曲子，呻吟几下，在桌子上拍拍，前后摇晃几下，拿着笔在桌子上有节奏地敲着……

［卢克欣老师来到他身边，敲了敲他的桌子，像是示意他安静。佩雷尔曼放下敲打桌子的笔，却用双手摩擦大腿直到裤腿被磨得滑溜溜的，然后把双手合拢搓一搓——这个动作意味着问题的答案已经完全成形，将要诉诸笔端了。随后他用笔简单地画了些图形，简单地写了几行字。之后又静静地坐着。

［卢克欣来到同学 K 的身边，问了她一个看似非常基本的问题。

卢克欣　　你可以针对这个图形做些什么？

K　　　　我可以对其中的三个点进行连线，就像这样。

卢克欣　　那就将它们连上线看看吧。

［随后他又来到同学 E 的身边，看了看，轻轻摇了摇头。转了一圈，停在佩雷尔曼的身边，看了一眼，微微笑着连连点头。

［最后，他走上讲台，说道。

卢克欣　　好了。那我们现在一起来看看第二道题。哪位同学乐意来讲讲你的回答？

［戈洛瓦诺夫、苏达科夫等同学都举起了手，而佩雷尔曼没有。

卢克欣　　好。戈洛瓦诺夫，来说一下。

［戈洛瓦诺夫走上讲台，在黑板上画了 5 个点，然后连接其中的 3 个点（可由 PPT 呈现）：

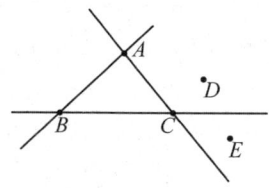

戈洛瓦诺夫　让我们先关注其中 3 个点，比如图中的 A,B,C。两两加以连接后可得

到如上的构形(可经由PPT动态呈现)。(稍停)请看这个图形,可划分为三类区域板块,(他随之在图上标注Ⅰ、Ⅱ、Ⅲ,或可添加色彩)接下来,可按照——另外两个点D,E所在的区域位置进行分情形讨论。

苏达科夫　　　是的。

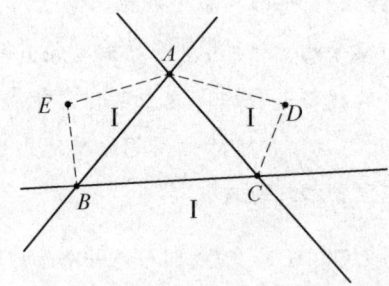

戈洛瓦诺夫　　如果D或者E,其中有一点在区域Ⅰ,则将相关的点加以连接后,得到所求的凸四边形。比如D在这个位置,则$BCDA$就是所求的凸四边形。或者E在这个位置,则$BCAE$即为所求的凸四边形。

苏达科夫　　　没错。

戈洛瓦诺夫　　现在我们关注第二种情形:D和E两点都在区域Ⅱ,此时将相关的点加以连接后,也可得到所求的凸四边形。比如D、E两点在这样的位置上,则$BDEA$构成所求的凸四边形。

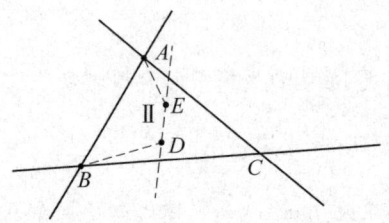

苏达科夫　　　是的。不过严格说来,应该是,如果连接D、E两点的直线,与线段BC、CA(分别都)相交,则$BDEA$所构成的凸四边形为所求。

戈洛瓦诺夫　　是的。

卢克欣　　　　没错。苏达科夫的补充使得这部分的解答更为准确,严密。

戈洛瓦诺夫　　(笑了笑,继续道)剩下的情形,就是D或者E两点中至少有一点在区域Ⅲ某处,比如,不妨设D点在这个位置。

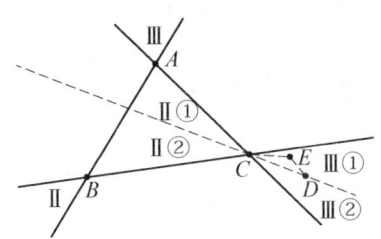

苏达科夫　　　然后呢?

戈洛瓦诺夫　　我们可连接 CD 后,再分两种情形加以讨论。

E、S、K　　　还要再分呀?!

卢克欣　　　　哦?说说看,哪两种情形?

戈洛瓦诺夫　　(将图中的 CD 两点连接后,说道)一种是 E 落在图中的区域Ⅱ①或者Ⅲ①的某处,比如 E 在这个位置,则 BDEC 所成的四边形即为所求的凸四边形。

苏达科夫　　　是的。

戈洛瓦诺夫　　这第二种情形是 E 落在图中的区域Ⅱ-②或者Ⅲ-②的某处,如上面的情形同理可找到所求的凸四边形。

苏达科夫　　　可是,如果点 E 在直线 CD 上呢?

戈洛瓦诺夫　　这种情形不可能发生。因为在题目中已知,所给 5 点中的任何 3 点不在同一直线上。

苏达科夫　　　嗯,没错。那最后剩下的第三种情形,是 E 点在另外两块区域Ⅲ的某处……

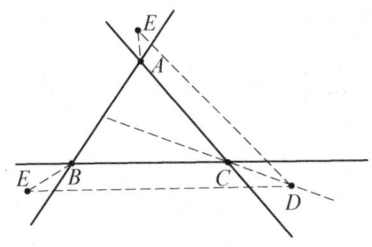

戈洛瓦诺夫　　是的。[他在如下图中点了(两)点 E,说道]在这最后的情形,我们很容易找到所求的凸四边形。比如 E 点在这里,则 EACD 即为所求的凸四边形!

[他笑了笑。在黑板上最后写上:证毕(两个字或者表示"证毕"的方形符号)。

[随后戈洛瓦诺夫在同学们和老师的掌声里走下讲台。

[舞台上静默片刻后,卢克欣笑着问道。

卢克欣　戈洛瓦诺夫给我们带来了一个非常不错的证明。不过,有哪位同学想再补充或者注释一下?

[他看了看教室中的诸多同学,最后目光找到了佩雷尔曼,说道。

卢克欣　格里沙(老师对佩雷尔曼的昵称),你是否有更为简单的方法呢?!

[佩雷尔曼有点羞涩地走上讲台,在黑板上画出如下一组图形:

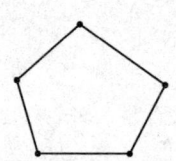 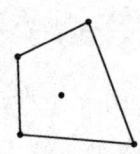 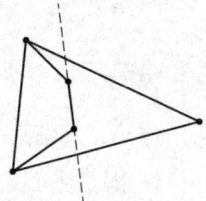

佩雷尔曼　(接着解释道)我的方法是这样的,我们可以先考虑这 5 个点的凸包——也就是覆盖这 5 个点集的最小凸多边形。
它只可能有 3 种可能:五边形、四边形和三角形。(稍停)
前两种情况很显然,不用再讨论了。而对于这第三种情况,我们只需把三角形内的两个点连成一条直线,则三角形的三个顶点中一定有两个顶点在这条直线的同一侧,比如像这样,这四个点便构成了一个凸四边形。(随后他在黑板上画了一个证毕的符号!)

[教室里有一段时间的静谧。在卢克欣老师的带领下,同学们掌声再次响起!

卢克欣　谢谢格里沙给我们呈现了如此简洁而绝妙的解答!(稍停,说道)在这个问题之后,有一个更为一般的问题(同步经由 PPT 来呈现):对于任意一个正整数 $n \geq 3$,总存在一个正整数 m,使得只要平面上的点有 m 个(并且任意三点不共线),那么一定能从中找到一个凸 n 边形。

这个问题，被传奇数学家厄尔多斯命名为"幸福结局问题"（Happy Ending Problem）。这背后的数学故事啊，有兴趣的同学不妨去找相关的文献看看。这节课先这样，下课！

[卢克欣从舞台的一边下，其他的同学三三两两地渐次离开。除了舞台上的两人——戈洛瓦诺夫和苏达科夫。他们看似在聊着天，话题则是他们的数学教练——卢克欣。

苏达科夫	嗨，知道么？听说呀，咱们的数学教练卢克欣老师在他小时候，曾经是个问题小孩呢。
戈洛瓦诺夫	不会吧？卢克欣老师……他怎么可能会是个问题小孩？
苏达科夫	嘘，我说的是，小时候的他。（看了看四周，继续道）听说啊，他就在列宁格勒附近的一个小镇上长大，不喜欢读书，却喜欢喝酒和打架。据说那时他唯一喜欢的事情就是拳击。
戈洛瓦诺夫	真的么？那他——后来怎么读的大学？这不，现在还成了我们的数学教练。
苏达科夫	可怜天下父母心呐。多亏他明智的父母四处托人情，可能——也行了点"贿"，终于换来了奇迹的出现。
戈洛瓦诺夫	哦，奇迹的出现？
苏达科夫	后来哈，卢克欣老师能够到列宁格勒市里一所高中读书了。而就在这所高中，另一个奇迹出现了。
戈洛瓦诺夫	啊？这又是什么样的一个奇迹？
苏达科夫	在这里，卢克欣爱上了数学。于是他把自己的创造力、进取心和充沛的精力全用到了数学上。
戈洛瓦诺夫	哈哈，原来是这样。因此他得以进入列宁格勒大学读书，还成为一名非常出色的数学教练！
苏达科夫	数学啊，真是一个奇妙的学科。让我们感谢数学吧！
戈洛瓦诺夫	让我们一道感谢数学吧！

[灯暗处，舞台上，众人下。随后PPT上出现如下字幕。

第三幕

第二场　让人向往的美丽学校

> 时间：20世纪70—80年代
> 地点：列宁格勒市郊
> 人物：芦波芙（佩雷尔曼的母亲），卢克欣

［灯亮处，舞台上出现芦波芙女士的身影。她坐在桌边一把椅子上，似在等待某人的到来。

［10秒钟后，卢克欣从舞台的一边上。

芦波芙　（迎上前去，欣然说道）卢克欣老师，您来了！

卢克欣　不好意思，芦波芙女士！有点事耽搁，来晚了。

芦波芙　不晚，不晚。您请坐！

［两人在舞台的一角坐下。

芦波芙　（倒了杯咖啡）卢克欣老师，喝点咖啡吧！

卢克欣　谢谢！（喝了一口咖啡，继续道）芦波芙女士，今天约您见面，主要是想和您聊聊格里沙，聊聊他……以后的求学之路。

芦波芙　卢克欣老师，格里沙……是不是格里沙又给您添麻烦了？

卢克欣　哦，没有。格里沙这孩子挺好的，我喜欢！

芦波芙　嗯，如此就好。

卢克欣　（沉吟道）您知道，在我们"列宁格勒先锋宫数学俱乐部"，有许多非常出色的孩子，比如亚历山大·戈洛瓦诺夫，伯利斯·苏达科夫……

芦波芙　是的。苏达科夫，这孩子我知道，他长得圆滚滚的，活泼又可爱的脸上，充满着好奇的神情。他看起来比我们格里沙更有天赋。嗯,他的父母也和我们一家人很熟。

卢克欣　喔,是么?(稍停)在我们的数学俱乐部里,苏达科夫和戈洛瓦诺夫一看就很出色:他们力争拔尖,冲劲十足,而且善于言谈。他们似乎在任何方面天生都想争创一流,数学仅仅是让他们感到兴奋的很多事物中的一种。

芦波芙　(点头道)他们俩都很出色。

卢克欣　数学是一种让他们运用他们聪慧头脑的方式,当然也是一种展现他们与众不同的工具。和他们站在一起,格里沙几乎像一面镜子,他会饶有兴趣地倾听,并保持安静。

芦波芙　嗯,格里沙比较沉默,他喜欢静静地倾听。

卢克欣　相比苏达科夫和戈洛瓦诺夫乐于在同学面前口若悬河地畅谈他们的高见,格里沙似乎从来没有这种展现自己思想的需要。他与数学的关系看似是相当私密的,他与数学的对话也总是在自己的头脑中进行,很少采取与人沟通的方式。

芦波芙　似乎真是这样的。

卢克欣　尽管在许多人看来,现在的格里沙没有苏达科夫或者戈洛瓦诺夫那样优秀,没有像他们俩这样光彩夺目,但我觉得,未来的格里沙肯定会是最出色的数学家!

芦波芙　(微微一笑)噢,是吗?!谢谢您!

卢克欣　我曾经花了较长的时间关注这三个孩子,看看他们的思维模式属于数学科学中的哪一类?

芦波芙　哦?

卢克欣　笼统地来讲,数学家可以归为两类:代数学家和几何学家。代数学家——善于把所有问题归结为数字和变量来求解,而几何学家——则通过图形来理解世界。

芦波芙　那您……在您看来,格里沙这孩子属于哪一类?

卢克欣　和戈洛瓦诺夫相比,格里沙毫无疑问是个几何学家,他通过图形来理解数学世界。记得曾经有一次,格里沙很快地解答出了一个几何问题,而在这段时间里,戈洛瓦诺夫仅仅读懂了这个问题。

芦波芙　是么?

卢克欣　而与苏达科夫相比,格里沙则是一位代数学家,他把每一个问题都简化为一个公式和数学文字。格里沙的思维与那些出色的孩子相比,也大相迥异。有意思的是,其思想的过程几乎在他自己的大脑中进行,而不在稿纸上进行记录。

芦波芙　(笑着点了点头)还真是这样,他很少用稿纸。

卢克欣　还有,格里沙在解答问题的过程中所表现出的专注,一直让同学和老师们印象深刻。他的大脑里似乎蕴藏着无穷的简化能力,总是能去繁就简,抓住问题的本质核心。俱乐部的同伴将他的思维法宝戏称为"佩雷尔曼之杖"。

芦波芙　佩雷尔曼之杖?

卢克欣　哈哈,在他们看来,格里戈里·佩雷尔曼总是静静地执着这把魔杖,当他最后举起这把魔杖时,一个数学问题便在魔杖挥舞之间迎刃而解。

芦波芙　(笑道)格里沙——真有这么厉害么?!

卢克欣　嗯,是的!此外,大约从去年开始,数学俱乐部的客座讲师们有时候会给班上的孩子们讲授拓扑学。我发现,像这些即便对大学生来说也是极为抽象的数学事物,格里沙却是甘之如饴,拓扑学对于他具有无穷的吸引力……(稍停,继续道)所有这些,让我们有理由相信,未来的格里沙必将会是最出色的数学家!

芦波芙　(轻声道)卢克欣老师,谢谢您!谢谢您这么欣赏格里沙!

［舞台上,有一段时间的静默。两人喝着咖啡。

卢克欣　噢,对了,芦波芙女士,格里沙已经14岁了,关于他进一步的求学之路,您有何打算?

芦波芙　这个,这个……哦,卢克欣老师,不知您有何建议?

卢克欣　我觉得……嗯,我非常强烈地建议格里沙去报考列宁格勒的专门数学学校——"第239学校",那可是当初由柯尔莫哥洛夫创办的学校。

芦波芙　安德雷·柯尔莫哥洛夫?他可是苏联数学历史上最伟大的数学家呢!

卢克欣　是的,这位富有传奇色彩的数学家不单在数学的诸多领域做出了卓越的贡献,也非常关心中学的数学教育。近半个世纪前,正是他和亚历山德罗夫共同组织了第一届莫斯科青少年数学竞赛,这成就了后来的国际数学奥林匹克竞赛。

芦波芙　(喃喃道)如此伟大的一位数学家,竟然会来创办一所中学,真是让人想不到呢!

卢克欣　(沉吟着缓缓道来)柯尔莫哥洛夫希望营造一个未来数学家的世界,这是他年轻时代的梦想。他和亚历山德罗夫都来自"卢津坦尼亚",这是前辈数学家卢津创造的数学魔法王国。(稍停)柯尔莫哥洛夫力图在莫斯科郊外再造一个这样的王国,给孩子们讲授数学,邀请他们在这里散步、越野滑雪、欣赏音乐、谈论数学题目……

芦波芙　噢?

卢克欣　"第239学校"设计有新颖的个性化教学方法,有新颖的课程安排。这里的数学课程经常介绍世界前沿的思想,同时也尽可能多地给有能力的孩子传授真正的数学!

芦波芙　嗯,这的确是一所让人向往的美丽学校。

卢克欣　是的,这是一所让人向往的美丽学校!(稍停后,他沉吟道)另外,您知道,当下苏联的大学对犹太学生存在一些偏见。比如列宁格勒大学的数学力学系每年都只有两个名额给犹太学生。如果到时候格里沙有幸成为IMO苏联国家队中的一员,他将可以免试就读于任何自己选择的大学。(稍停)而进入"第239学校"读书,无疑是一条通往未来数学家之旅的捷径。

芦波芙　只是……那格里沙有希望进入这所充满传奇色彩的学校吗?

卢克欣　在数学上,格里沙的能力是毋庸置疑的。不过,在英语上,或许还得再强化强化,这个我可以帮忙。

芦波芙　如此就有劳卢克欣老师您了。

卢克欣　为此我有一个请求,我请求您在今年的这个夏天,把格里沙交给我,我将对他进行英文授课。

芦波芙　(轻声道)卢克欣老师,真是太感谢您啦!

卢克欣　不客气!哈哈,谁让我喜欢这个孩子呢!格里沙,他将会成为苏联数学,乃至世界数学最为伟大的数学家之一,不是么?

芦波芙　嗯,他会的。

卢克欣　说来,我和格里沙还是挺有缘分的。

芦波芙　哦,是么?

卢克欣　(沉吟着慢慢道来)您或许不知道吧?早在几年前,那时格里沙还没有来到我们数学俱乐部,在列宁格勒举行的几次地区级竞赛中,我有幸曾担任过裁判,阅读过很多十一二岁的孩子写在方格纸上的数学题的解答。那时我就注意到了格里沙的数学问题解答。这个孩子的答案是正确的,而且他的解题方式有些出人意料。(沉吟着)所以,后来当纳坦森教授打电话来告诉他这个孩子的名字时,我记起了这个名字。

芦波芙　原来还有这样的事。

卢克欣　是的。还记得有一次在一道回家的路上,我说:"格里沙,现在地铁列车车厢挺暖和的,你可以把你的皮帽子的耳朵盖解开。"

芦波芙　哦?

卢克欣　有意思的是,他不只是不愿意把帽子取下来,他连帽子的耳朵盖都不解开。他说,他母亲告诉他不要解开帽子,不然他会感冒的。他也不想让母亲不高兴。

芦波芙　噢,格里沙一直很听话。

卢克欣　或许那时格里沙满脑子全是数学,根本就没心思顾及环境的微小变化。在格里沙看来,规矩就是规矩。

芦波芙　是的。

卢克欣　还有一回,我批评他书读得不够多,我告诉他,除了数学,他还可以读些有关文学和音乐的书。哈哈,格里沙反问为什么他要阅读这些书。

芦波芙　　他或许应该听听您的建议。

卢克欣　　我说,阅读本身"是很有意思的"。你猜他怎么说?格里沙回应说,所有那些需要阅读的书目应该已经被包括在学校的必读书目清单里了。

芦波芙　　这孩子。

卢克欣　　让我惊讶的是,在音乐方面,比如清扬精确的古典器乐,他好像比较有兴趣。在他试着解决一个数学问题的时候,他常常哼着一些调子。

芦波芙　　格里沙会演奏小提琴。

卢克欣　　哦?是么?

芦波芙　　在格里沙很小的时候,我们专门请了个家庭教师来教格里沙拉小提琴。不瞒您说,这是俄罗斯犹太人的梦想,学会拉小提琴,以后可以在婚礼或葬礼上去表演。

卢克欣　　哈哈哈。(看了看时间,说道)芦波芙女士,时间不早了,那……我们今天就聊到这里吧。很高兴您这么信任我!如此——在今年的这个夏天,我将对格里沙进行数学英文授课!

芦波芙　　好的,卢克欣老师,真是太感谢您啦!谢谢您!

〔灯暗处,舞台上,两人下。随后PPT上出现如下字幕。

第三幕

第三场　我要成为一名几何学家

> 时间：20世纪80年代
> 地点：列宁格勒大学
> 人物：格里戈里·佩雷尔曼，亚历山大·戈洛瓦诺夫，伯利斯·苏达科夫，以及其他同学群演

[灯亮处，舞台上有众人的身影。其中佩雷尔曼静静地坐着，像是在思考着什么。苏达科夫和戈洛瓦诺夫站在舞台的中央，看似在聊天。

苏达科夫　　嗨，我说亚历山大，时间过得真快，转眼间我们都上大三了。

戈洛瓦诺夫　　是啊，时间是一只不断在飞翔的鸟。

苏达科夫　　按照学校的规定，这学期我们数学力学系的学生都必须选择一个专攻方向……你选哪个专业方向？

戈洛瓦诺夫　　我想——我会选择数论！

苏达科夫　　数论？

戈洛瓦诺夫　　是的。在以前的数学竞赛中，每次遇见几何问题，我大都会败下阵来，而做数论方面的题则游刃有余。我想，我似乎和数字有缘。

苏达科夫　　是么？

戈洛瓦诺夫　　再说，我觉得在数学的各个领域中，数论是最为浪漫的。

苏达科夫　　嗯，也许是这样。

戈洛瓦诺夫　　你呢？你选哪个专业方向？

苏达科夫　　我呀，或许会选择计算机科学领域。

戈洛瓦诺夫　　哦?

苏达科夫　　在我觉得,计算机科学是一个非常酷的、很是炫彩的领域!

戈洛瓦诺夫　　噢,那意味着在未来的研究生阶段以及之后的研究事业中,你很可能就主攻这一方向了。

苏达科夫　　是的。相比纯粹数学,我比较喜欢偏向于应用数学或者相关的领域。

戈洛瓦诺夫　　不错,那我们一起加油吧。(目光转向沉思中的佩雷尔曼)嗨,佩雷尔曼,你呢?你会选哪个数学专业方向?

〔不远处,佩雷尔曼慢慢地从沉思中抬头,懵懂地问道。

佩雷尔曼　　我……你在和我说话么?

戈洛瓦诺夫　　是啊,这都大三了,你会选哪个数学专业方向?

苏达科夫　　佩雷尔曼啊,他可不急于选择任何特定的数学方向。他为数学而生,他的一生都要用来研究数学。

佩雷尔曼　　(低沉而坚定地)我会选择几何学!我要做一只像亚历山大·丹尼洛维奇·亚历山德罗夫一样的"恐龙"。

苏达科夫　　几何学?

戈洛瓦诺夫　　恐龙?

〔两人看了看对方,又看了看佩雷尔曼,大笑起来。

佩雷尔曼　　(不知所云地)你,你们……这有什么可笑的?我就是希望——进入一个仅剩下很少几只"恐龙"的研究领域,以便将来成为其中一只"恐龙"。就像亚历山大·丹尼洛维奇·亚历山德罗夫一样。

苏达科夫　　亚历山德罗夫是一个活的传奇,他可是我们列宁格勒大学无可争辩的几何学之王!

戈洛瓦诺夫　　亚历山大·丹尼洛维奇·亚历山德罗夫,可能也是整个苏联的几何学之王。知道么,有一次,亚历山德罗夫被要求写一部苏联几何学历史,有一位学生回忆起他当时的反应:"那样太不谦虚了,"亚历山德罗夫说,"但是除我之外,确实没有其他合适人选。"

苏达科夫	是啊,是啊。我还曾经听一位教授如此评论亚历山德罗夫,大致意思是亚历山德罗夫发现了数学中的全新世界,但如今却在这个世界里孤独坚守。
戈洛瓦诺夫	我想起来了,上大一的时候,他还教授过我们几何学呢。
苏达科夫	嗯,那时的我们估计怎么也想不到,这位留着灰白八字须的小个子老人,竟然会是充满传奇色彩的几何学之王。哈哈,这是个奇迹,神奇得近乎荒谬。
戈洛瓦诺夫	不久后同学们被他的传奇地位,不拘一格的教学方式,以及他的学术发散力吸引……
苏达科夫	亚历山德罗夫是那样的严谨,而又充满个性。
戈洛瓦诺夫	同学们都非常喜欢他,还编写了许多关于他的诗歌。
苏达科夫、 戈洛瓦诺夫	丹尼里奇在数学界勤勤勉勉, 丹尼里奇每天起床不误钟点。 可惜努力结果未能如愿, 学生只觉所设课程无聊。
佩雷尔曼	他的课程才不无聊呢……
苏达科夫	我们的佩雷尔曼,还真是一个异类!这是一位即将成为"数学恐龙"的异类!
戈洛瓦诺夫	不过,我想,佩雷尔曼在选择他的数学专业方向之前,或许可以先去问问维克托·扎尔加勒。我们的这位富有领导魅力的老师,也是一位无可媲美的故事讲述者。
佩雷尔曼	是的。我会请扎尔加勒做我本科论文的指导老师!

〔灯渐暗处,舞台上,众人下。随后PPT上出现如下字幕。

第四幕

第一场　守护的天使们

> 时间：21世纪的某一天
> 地点：上海
> 人物：高斯，欧若拉，其他同学 E、M、T、L、N、S

〔灯亮处，舞台上出现两人的身影。舞台的一角，高斯在静静地看着那本书《完美的证明——一位天才和世纪数学的突破》。过了一会儿（话剧时刻的 20—30 秒后），她问道。

高　斯　姐姐，格罗莫夫是一位很伟大的数学家吧?!

欧若拉　格罗莫夫？嗯，是的。米哈伊尔·格罗莫夫是一位享誉世界的数学大师。他在现代整体黎曼几何、辛几何、代数拓扑学、几何群论和偏微分方程等许多领域都做出了极为出色的贡献。

高　斯　哦？

欧若拉　由此他获得了一系列的荣誉与奖项，其中有维布伦几何奖、沃尔夫数学奖和阿贝尔奖。他曾多次应邀在国际数学家大会上做报告。此外，他还是美国国家科学院和美国艺术与科学院的外籍院士，以及法国科学院的院士。

高　斯　原来他这么牛！怪不得这部书中说，米哈伊尔·格罗莫夫被认为是"列宁格勒大学有史以来最好的产物"。

欧若拉　和佩雷尔曼一样，格罗莫夫曾经就读于列宁格勒大学。博士毕业后，他还在这所大学工作了7年呢。

高　斯　那……后来呢？

欧若拉　　后来因为某些原因,格罗莫夫离开了苏联,移民去了美国。

高　斯　　某些原因?

欧若拉　　主要的一个原因,我想——是因为,格罗莫夫的母亲是个犹太人,因此他很难在研究所获得一个研究职位。

高　斯　　所以他去了美国?

欧若拉　　是的。他先是在纽约大学的柯朗研究所工作。之后在1981年,他移居至巴黎第六大学,现在则是法国高等科学研究院的终身教授!

高　斯　　正是在格罗莫夫的努力下,佩雷尔曼被介绍给了国际数学界?

欧若拉　　是的。他是佩雷尔曼的守护天使。

高　斯　　守护天使?

欧若拉　　嗯。佩雷尔曼是一位数学天才。可是,在他漫步未来数学世界的道路上,得到过许多人的引领和帮助。他们都是佩雷尔曼的守护天使。

高　斯　　卢克欣为他照亮道路,引领着他学习竞赛数学,令佩雷尔曼在列宁格勒的生活如同他的数学想象那样安全而有序。

欧若拉　　雷日克——悉心照顾着他度过了高中生涯。

高　斯　　扎尔加勒在大学里培养了他的解题技巧,并把他交给亚历山德罗夫和布拉戈以确保他能毫不中断、无所妨碍地研习数学。

欧若拉　　布拉戈又把他引荐给格罗莫夫,而格罗莫夫则带着他走向了世界!

高　斯　　佩雷尔曼的守护天使们就这样不断地接力着,引领他迈向数学哲学的远方!

〔E、M、T从舞台的一边上,L、N、S从舞台的另一边上。

E　　由此,这位天才的步履在巴黎漫步走过,在柯朗数学研究所,在普林斯顿高等研究院,在石溪,在伯克利……

M　　在他博士后研究和参加各个讲座的过程里,佩雷尔曼走进了更为广阔的数学天地。

T　　他研究过亚历山德罗夫空间,并且在齐格和格罗莫尔工作的基础上,证明

	了著名的"灵魂猜想"！
L	想不到吧？他关于这一猜想证明的论文只有4页。
N	这是佩雷尔曼的数学智慧的魔杖，还有其奇特个性的力量！
S	正是这段在外留学的日子,佩雷尔曼接触到了更现代的几何拓扑学,还有那一则奇特的方程——
E、M、T	他遇见了由数学家哈密尔顿创造的里奇流方程——这是佩雷尔曼的幸运,也是数学的幸运！
L、N、S	经由里奇流方程,这一神奇的分析学工具,天才的佩雷尔曼最终解决了拓扑学中最简单,也是最重要的那一个问题:庞加莱猜想！
高 斯	姐,我想问问你,我一直很好奇。庞加莱的那个著名猜想,为何会如此有名？为何它会吸引到如此众多的数学家？它到底说的是什么？
欧若拉	庞加莱猜想是什么？这可不是一个很容易解释的问题。它呀,与数学世界中最为抽象的一个领域——拓扑学相关。哦,对了,等等……(打开手机,说道)我们可以在网络上找到这样一段视频……喔,它在这里——

〔灯暗处,舞台上,众人下。随后PPT上出现如下字幕。

第五幕

第一场　宇宙的形状

> 时间：21世纪的天空
> 地点：法国，亨利·庞加莱高中（原南锡中学）
> 人物：VP（瓦伦丁·贝纳胡，Valentin Poeenaru，巴黎南大学名誉教授），课上的同学们，比如 I、N、H

［灯亮处，舞台上呈现的是，一位数学家向一群中学生科普庞加莱猜想的讲座和相关情景。这是一门关于庞加莱猜想的特别课程，讲课者是巴黎南大学的名誉教授瓦伦丁·贝纳胡，学生则是亨利·庞加莱高中理科毕业班在读的约100名学生！

VP　　同学们，今天我们讲课的内容是让我们谈谈庞加莱猜想。不过，在步入正题之前，我想我们应该先了解一下亨利·庞加莱这个人，以及关于他的一些故事。（稍停，问道）你们知道庞加莱么？

I、N、H　（大声道）知道！

N　　老师，我们的学校就是以他的名字命名的，叫作亨利·庞加莱高中！

H　　是啊，老师，我们学校院子里的正中间，就立有庞加莱的半身雕像！每到课间休息，同学们都去那边愉快地聊天呢。

I　　老师，我知道庞加莱是一位著名的数学家、物理学家和天文学家。另外，他还是一位伟大的哲学家……

众同学　（表情惊讶）噫！

VP　　是的。庞加莱于1854年出生在南锡，1862年进入南锡中学——也就是你们现在的这所亨利·庞加莱高中读过书。在他的中学时代，庞加莱的各门科目都很优秀，只有音乐和绘画不太擅长。（稍停）后来的庞加莱，不仅在数学领域,还在物理学、哲学等诸多学术领域都有非常重要的贡献,是一位足以和列奥纳多·达·芬奇以及艾萨克·牛顿比肩的科学巨匠!

I　　　是的,老师。庞加莱学长——是我们学校的骄傲!

VP　　（微微笑了笑）说到庞加莱猜想,它的诞生要追溯到距今一个世纪之前的 1904 年,那年庞加莱恰好 50 岁。（他拿起放在桌上的一篇论文,继续道）著名的庞加莱猜想,源自他在 1904 年发表的这篇论文:《对位相分析学的第 5 次补充》。

N　　　老师,请问什么是位相分析学?

VP　　位相分析学（Analysis Situs）,是庞加莱创造的一个奇妙的数学分支,现在这个领域被称为拓扑学。

H, I　 拓扑学,这可是很难的一门数学啊。

VP　　同学们,现在我带领大家去了解"庞加莱猜想"的世界。这个猜想是一个与宇宙的形状及构造有关的数学问题。若用严格的数学语言来描述的话,这个猜想说的是,任何一个单连通的、闭的三维流形都同胚于三维球面。

VP　　（看着诸多同学们迷茫的神情）可能大家有点困惑,它说的是啥意思?

众同学　是!

[VP 教授笑了笑,随之拿出一截红色的绳子,贴着投影在墙壁上的宇宙图片,他将绳子沿着宇宙形状绕了一圈,然后说道。

VP　　现在,请同学们想象一下,有一个人带着足够长的绳子,从地球出发进行环绕宇宙一圈的旅行。假设这个人最后平安无事地返回了地球。这时,已经绕在宇宙上一圈的绳子,是不是会像这样,最终一定能够收回到自己的手中?（稍停）

[贝纳胡教授把刚才展开的绳子拉回到自己手中,继续道。
如果绳子一定能够收得回来,那么我们就应该可以判断宇宙是球形的。这就是"庞加莱猜想"这个数学难题所要说明的内容。

[这段听起来天方夜谭式的话语让在座的庞加莱高中的同学们都流露出

讶异的表情,课堂上鸦雀无声。

VP　（微微一笑,说道）为了更好地理解庞加莱猜想,让我们想象一下穿越到了16世纪的葡萄牙,先去了解一下过去人类是怎样看待地球的形状的。（稍停）

在科学并不发达的过去,人们大都认为地球是一个无限扩展的水平世界。也有科学家提出了地球是圆形球体的推测,但是当时并没有人能够证明这一点。（稍停）

地球到底是什么形状的? 1519年,在葡萄牙的航海家、冒险家费迪南德·麦哲伦的带领下,一支由5艘船组成的船队,开始了环游世界的挑战。他们一路西向航行,经历了3年的等待后,终于有一艘船顺利地从东向回到了原来的出发地点——葡萄牙。

H　这是人类历史上的一大壮举!

VP　没错。这是人类历史上的一大壮举! 其中有一位船员在其航海日志中写下了这样的感叹:"我们终于实现了环游世界!"

同学们,要记住,正是麦哲伦这些航海家赌上性命的冒险,才让世人首次得以确认,地球确实是球形的!

N　瓦伦丁教授,通过"麦哲伦环行世界"真的就能证明地球是球形的?

VP　很难说。不过,在我们的天才数学家亨利·庞加莱看来,仅用一根绳子就证明地球是球形的。（稍停）

［瓦伦丁教授随之取出两个地球仪,一个是球形的地球仪,一个是中空的甜甜圈形状的地球仪。

VP　让我们（在脑海中）想象,你手上拿着一根非常长的绳子,站在海边的崖角上。先把绳子的一头紧紧固定在崖角上,另一头则绑在一艘船上,这艘船开始向远方起航。（他的语气放缓）这艘船环绕地球一周,很快就归来。当船回到原先的出发地点时,你将绑在船上那一头的绳子解下来,同样也绑在崖角上。（稍停）

现在,请大家再想象一下这个场景,你的手上握着一根绳子,而这是一根环绕了地球一圈的绳子。当你往回收绳子时,如果能够全部收回,我们就可以说地球是球形的。庞加莱就是这样进行推论的。

H	可是，老师，世界上真的存在这样长的绳子吗？
VP	是的，这是一个非常现实的问题。但是，请大家把这个和真实的实验区分开来，这个充其量也就是一种思想实验。（稍停）啊哈，如此请同学们一道，在脑海中拉动这条思维的绳索。继续想象——我们在不断努力地往回拉动绳子。大家用力，现在如何？在大家的想象中，应该已经把绳子都拉回来了吧？！
众同学	是的，教授！
VP	（微微一笑道）如果能够把环绕地球一周的绳子全部收回来，我们就可以说地球是球形的。（稍停）从太空眺望地球，这个论述的正确性可以很直观地证明。但是在庞加莱的那个时代，他的想法是革新性的，就是因为针对地球是否是球形这个谜题，即使人们无法从外太空远望地球，也可以——仅仅用一根绳子就得出结论。

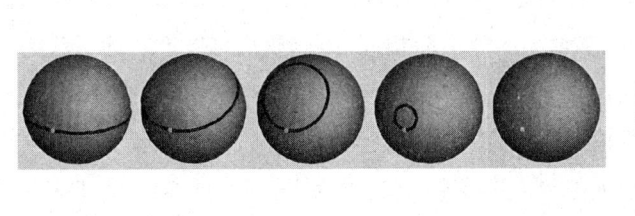
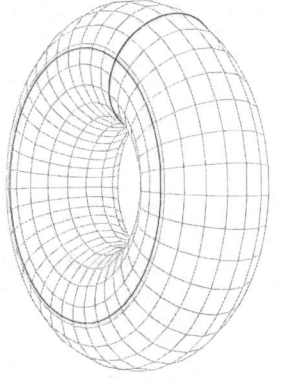

I	（指着桌子上的道具）老师，如果地球是甜甜圈的形状，会出现什么样的情况呢？
VP	如果地球是甜甜圈形状的话，再试着想象一下，你手中握着环绕了地球一圈的绳子，像这样，大家现在开始用力往回拉，大家用力！（在同学们的众说纷纭里，继续道） 这回怎么样？对，不知道为什么，绳子拉不回来了。 如果能够收回绳子，那么地球就是球形的。反之，则证明地球并非球形。 如果使用这个方法，确实不用从外太空鸟瞰地球，我们就能够用一根绳子来证明地球是球形的。同学们，数学家们的这个方法是不是富有想象力？

众同学　　（大声道）是！

VP　　　　同学们，宇宙是比地球更为强大的存在。不同于地球，无论我们的科学技术如何发达，现在的我们还是不可能到达宇宙之外。刚才，我们探讨了如何在无法去到外太空的情况下证明地球形状的方法，那么现在请大家思考一下，是否也有一种方法，可以让我们不用踏出宇宙就弄明白宇宙的形状？

H、I　　　可以用绳子？！

VP　　　　是的。庞加莱思考的了解宇宙形状的方法，就是使用所谓的"宇宙火箭"。他想象把一根绳子绑到火箭上，让火箭飞向太空。绑着绳子的火箭在宇宙空间中不间断地自由飞行，最终绕宇宙一周并安全返回地球。现在请你手中握着的绳子两端，构成了一个环绕宇宙的、异乎寻常庞大的绳圈。拉动绳子，大家用力！

［在瓦伦丁教授的提示下，同学们或可以想象在进行一段哑剧表演。

VP　　　　如果这长长的绳子都能够收回来的话，那么对于宇宙的形状我们可以做出怎样的推论？是的，与地球实验相同，由此我们可以推断其形状为球形。（稍停后）仅仅通过一根绳子来判断宇宙到底是球体还是非球体，这其实就是数学理论上所谓的"庞加莱猜想"。1904 年，庞加莱将关于这个猜想正确性的论证抛向了数学界。在这之后，过了 100 多年，终于有数学家成功证明了这个猜想……

［光影变幻里，在这一课的最后，瓦伦丁教授在地球仪上面画了一只小小的蚂蚁。然后说道。

VP　　　　（沉吟道）在地球表面爬行的蚂蚁，很难知道地球究竟是什么形状，因为它根本离不开地球表面。同样，人类现在也还无法到宇宙之外。但是，庞加莱提出了他的猜想，即使人类无法到达宇宙之外，也应当有线索可以让我们了解宇宙的形状。（他再次拿起放在桌上的那篇论文，继续道）是不是可能存在这样的一个流形，其基本群是平凡群，但是它不同胚于三维球面？这个问题将带领我们走向数学的远方！

［灯暗处，舞台上，众人下。隐约有音乐响起。随后 PPT 上出现如下字幕。

第六幕

第一场　请问，你知道《几何原本》么

> 时　间：古往今来
> 地　点：南北东西中
> 人　物：高斯，欧若拉，FMP、E、L、M、N、T、S

[灯亮处，舞台上出现两人的身影。舞台上的一角，高斯在看《完美的证明——一位天才和世纪数学的突破》一书。不远处，欧若拉亦在阅读和注视着什么……

高　斯　　　　　（掩上书）嘿，终于将这部书读完啦。

欧若拉　　　　　哦？读完了？怎么样？

高　斯　　　　　格里戈里·佩雷尔曼，谜一样的天才。

欧若拉　　　　　谜一样的天才？

高　斯　　　　　佩雷尔曼生活在一个在母亲帮助下建立起的想象世界中，除了数学，几乎没有其他东西。

欧若拉　　　　　是的，他的生活，除数学外，不关心其他的事情。

高　斯　　　　　他一直生活在老师和学校为他创造的微环境当中，与真实的现实世界始终保持隔绝……

欧若拉　　　　　因此他自己的世界也就得到了保护和延续，不是么？因此他能够以一颗最纯洁的心灵来研究数学，做出最伟大的科学工作。

高　斯　　　　　他不修边幅，友善而害羞，对一切物质财富不感兴趣。壮观的典礼、偶像的崇拜并不是他热衷的东西。

欧若拉	是的。佩雷尔曼是一个特立独行、绝不随波逐流的智者,终其一生所追求的正是思想与心灵上的自由。他对金钱和名利没有兴趣。对他来说,最大的奖励或许就是证明数学的真理。
高　斯	(沉吟道)一个人活在世上,究竟应该留下怎样的足迹?是追逐功名利禄,还是自我价值的实现,抑或享受一种生活中的宁静和满足?对此,每个人都会做出不同的选择。
欧若拉	嗯。佩雷尔曼的人生之所以会触动你我,或许是因为每个人在内心深处——都向往一种既辉煌又平凡的生活,可是,却没有多少人拥有足够的才华和勇气去追寻它。(稍停)然而,佩雷尔曼做到了,其简单至极的人生足以给我们留下久远的思考。
高　斯	是的。
欧若拉	这让我想起有一位著名的数学家曾这样说过:佩雷尔曼对于公共场合和财富的排斥令许多人迷惑不解。我没有跟佩雷尔曼讨论过这个问题,当然也无法为他代言,但是我想说,我对他内心的强大与清澈抱有最高的共鸣和敬仰。(稍停,继续道)他了解并且能够坚持真我。我们真实的需求位于内心深处,然而在现代社会,我们中的大多数人都在条件反射式地、不知疲倦地追求财富、消费品和虚荣。我们在数学上从佩雷尔曼那里学到了东西。或许,我们也应该暂停脚步,从佩雷尔曼对生活的态度上反思自己。
高　斯	嗯,我想,我或许得多读几遍这书,才能略微懂得佩雷尔曼为何会这样,会拥有谜一样的数学人生。
欧若拉	(微笑道)其实,有一个办法——可以让你最好地读懂这本书。
高　斯	哦,什么好办法?

欧若拉	（微笑道）可以以"佩雷尔曼的数学人生"为题,写一部中学生版的数学话剧!
高　斯	（沉吟道）以"佩雷尔曼的数学人生"为题,写一部数学话剧？是啊,这真是一个绝妙的主意!
	〔灯暗处,舞台上,两人下。灯再亮起处,FMP从舞台的一边上。
FMP	（不知从哪里拿出一枚奖章,翻转其中的一面,说道）超越人类极限,做宇宙的主人；（又翻转到另一面）聚集来自全球的数学家,为知识做出新的贡献而自豪!

〔同步经由PPT呈现菲尔兹奖章以及相关的拉丁语：TRANSIRE SUUM PECTUS MUNDOQUE POTIRI（意为：超越人类极限,做宇宙的主人。奖章背面刻有拉丁文"CONGREGATI EX TOTO ORBE MATHEMATICI OB SCRIPTA INSIGNIA TRIBUERE",意为"聚集来自全球的数学家,为知识做出新的贡献而自豪"。背景为阿基米德的球体嵌进圆柱体内。

（再转到侧面,念道）格里戈里·佩雷尔曼。
（稍停后）朋友们,我是那一枚奇特的数学奖章,诞生于2006年——第25届国际数学家大会前夕,原本会被授予一位天才的数学家,格里戈里·佩雷尔曼!
可是,由于某些众所周知的原因,我被留在IMU（国际数学联盟）事务局,这些年,辗转于不少城市,从西班牙马德里开始,再到印度班加罗尔、韩国首尔、巴西里约热内卢……
你们知道么？我如此渴望,期待着与天才的佩雷尔曼相见,请他听听我的数学故事……我期待……漫步在佩雷尔曼的天空!

〔恰此时,舞台的另一边,迎面走来E。 |
| FMP | （走上前,问道）请问,你是否知道佩雷尔曼在哪里？ |

E	佩雷尔曼来过了,解决了问题,其他的一切在他看来都是肤浅的。
	[E随后下。舞台上迎面走来的是M。
FMP	(走上前,问道)请问,你知道佩雷尔曼在哪里吗?
M	距离亨利·庞加莱去世一个世纪之后,在他生活和工作过的这座城市里,他留下的猜想被解决了。格里戈里·佩雷尔曼是登顶那个三维世界的登山者。可惜,我不认识他!
	[M随后下。舞台上迎面走来的是T。
FMP	(走上前,问道)请问,你是否知道佩雷尔曼在哪里?
T	多年前,我将庞加莱的著名猜想放在一个更加完整的框架之中。可是我未能证明那个猜想。佩雷尔曼,带着极大的兴趣和精湛的技艺,在我和其他人失败之处完成了一个漂亮的证明。这是一个我无法做到的证明:佩雷尔曼的某些强项正是我的弱点。 我很荣幸,能有这样一次机会来公开表达我对格里戈里·佩雷尔曼的深深钦佩和欣赏。然而,我没有见过佩雷尔曼……
	[T随后下。留下FMP在话剧的舞台上徘徊,时而重复着那个如此童真的问题:
FMP	(面向舞台下的观众问道)请问,你们知道佩雷尔曼在哪里吗?
	[随后FMP从舞台的一边下,与此同时,E、L、M、N、T、S依次从舞台的一边上。
E	数学的世界是一个高贵的世界,即使是身为世俗的君王在这里也毫无特权。与在时间中速朽的物质相比,数学所揭示的世界才是永恒的。
L	古希腊数学直接脱胎于哲学,它使用各种可能的描述,

	解析我们的宇宙，使它不至于混沌、分离；它建立起物质与精神世界的确定体系，致使渺小如人类者也能从中获得些许自信。
M	《几何原本》是一部伟大的数学与哲学巨著，它的作者是被称为"几何学之父"的古希腊数学家欧几里得。
N	在《几何原本》这部大书里，欧几里得建立了人类历史上第一座宏伟的演绎推理大厦，利用很少的自明公理、定义，推演出400多个命题，将人类的理性之美展现到了极致。
T	在赫拉克利特和亚里士多德开启了逻辑理论之后，欧几里得创造了数学演绎体系的典范。《几何原本》，自它诞生之日起，就被视为人类锻炼和培养逻辑理性的最杰出，甚至唯一的教本，它也是这个世界上所能找到的最美丽的逻辑剧本。
S	希腊数学，是伟大的希腊人向宇宙秩序射出的光芒。希腊数学，可谓是世上最热情洋溢的诗篇。《几何原本》与其说是数学，不如说是描述宇宙的诗歌之舞，是一种高贵的哲学！伴随时间的舞步，它从遥远的古希腊时代走来！
FMP	（再从舞台的一边上，此时走上前）请问，你们知道天才的佩雷尔曼在哪里吗？
E、M、T	（点点头，又似摇摇头）佩雷尔曼在哪里？
L、N、S	佩雷尔曼，请问——你在哪里？
FMP	（喃喃地）我一直期待着与天才的佩雷尔曼相见，请他听听我的故事……我如此热情地期待着漫步在佩雷尔曼心灵的天空！
E	在欧几里得几何学的世界里，平行线的故事简单而纯粹：给定直线 l 以及直线外一点 P，过点 P 有且只有一条直线与已知直线 l 平行（不相交）！

L	在欧氏几何学的世界里,三角形们总是展现其如下的动人诗篇:每一个三角形的内角和都等于180度!
M	在欧几里得几何学的世界里,所有三角形都具有外接圆!
N	对于所有的圆,其周长与直径之比均相同!无论这些圆大或者小!
T	在欧几里得几何学的世界里,存在一对相似但不全等的三角形。
S	"在欧氏几何学的奇境,任何一个直角三角形,其两条直角边的平方和等于斜边的平方!"著名的毕达哥拉斯定理如是说!
E、M、T	亲爱的朋友们,你(们)知道《几何原本》么?
L、N、S	亲爱的朋友们,你(们)知道《几何原本》么?
E、L、M、N、S、T、FMP	亲爱的朋友们,你们知道《几何原本》么,在那里,你们或可以漫步进入佩雷尔曼心灵的天空……

[灯暗处,舞台上,众人下。随后迎来此话剧的谢幕时刻。

三、

话剧角

20世纪初,数学巨匠庞加莱(Henri Poincaré,1854—1912)提出了如下的著名猜想——庞加莱猜想:任何一个单连通的、闭的三维流形一定同胚于三维的球面。

自那时开始,有无数的数学家为了证明这一猜想奋楫数海,倾其一生……为20世纪的数学江湖增添了众多的精彩故事与传奇。

21世纪初,有一位天才数学家横空出世,在诸多前辈数学家工作的基础上,完成了"庞加莱猜想"的最后证明。这位天才名叫佩雷尔曼。

原创数学话剧《让我们从〈几何原本〉谈起》和《佩雷尔曼的天空》的主题都是基于"庞加莱猜想"而绽放,两者互为姊妹篇。其中,话剧《让我们从〈几何原本〉谈起》的创作,是以多纳尔·欧谢(Donal O'shea)撰写的科普著作《庞加莱猜想》一书为蓝本的,而《佩雷尔曼的天空》这一剧本的完成,则源于玛莎·葛森(Masha Gessen)所著的科普读物《完美的证明——一位天才和世纪数学的突破》。希望经由话剧演绎的形式,可以让年轻的学子在这里相识相知,进而获得智慧与人生的启迪!

1. 庞加莱猜想——故事的漫步（一个世纪的简约历程）

一条封闭曲线，无论它有多么复杂，在某种意义上都等同于一个圆周。一个闭的没有洞的曲面，无论它有多么复杂，在某种意义上都等同于一个球面。那么，一个闭的没有洞的空间物体——就像我们所在的宇宙，它本质上是什么样的？

1904年，基于对上述问题的认知与思考，法国数学家庞加莱提出了一个关于人类生存的无边界的三维宇宙空间的著名猜想——庞加莱猜想：

任何一个单连通的、闭的三维流形一定同胚于一个三维的球面。

所谓三维流形，说的是三维空间（正如我们所在的宇宙）。一个闭的三维流形就是一个没有边界的三维空间；单连通则意味着，在这个空间中，每条封闭的曲线都可以连续地收缩为一点。于是，比较通俗地说，庞加莱猜想就是说，在一个封闭的三维空间，假如每条封闭的曲线都能收缩成一点，这个空间就一定是一个三维球面。

后来，这个猜想被推广至三维以上的空间，被称为"高维庞加莱猜想"。

在庞加莱提出猜想的那一年，他恰好50岁。这位数学天才已在代数、几何、拓扑学、数学物理、多复变函数论等许多领域做出了卓越的贡献。他在天体力学方面的研究被誉为牛顿之后的又一座里程碑。他还是相对论的理论先驱。

跟其他许多著名的猜想一样，庞加莱猜想的出现让无数的数学家为之疯狂。在最初的十几年间，关于这一猜想的研究只有零星的几项。随着研究的深入和众多数学家的挑战失败，这个原本看似简单的问题吸引了越来越多的数学家投身其中。

为了能证明这个猜想，许多数学家费尽心神，倾其一生，或失之东隅，却收之桑榆。其中著名的学者有詹姆斯·亚历山大、怀特海、宾、沃尔夫冈·哈肯、莫伊兹和帕帕基里亚科普洛斯等，他们与庞加莱猜想共舞的岁月，赋予20世纪的数学江湖以精彩的故事与传奇。

庞加莱猜想到底是对还是错呢？在其提出后将近60年的时间里，人们始终未能找到有效的证明方法。

1961年，美国数学家斯梅尔（Stephen Smale）跨过这个维数三，将庞加莱猜想推广到三维以上的情形，进而证明了高维的庞加莱猜想，他因此荣获1966年的菲尔兹奖。

斯梅尔的定理可简单地描述如下：

任何单连通的且与球面具有相同同调群的 n 维闭流形（$n \geqslant 5$），一定同胚于 n 维球面。

这里值得一提的是，在斯梅尔的证明之后，至少有三位数学家给出了完全不同的证明：英国的克里斯托弗·齐曼（Christopher Zeeman）、美国的安德鲁·华莱士（Andrew Wallace）和约翰·斯托林斯（John Stallings）都给出了完全不同的证明。

有意思的是，这些数学家关于五维以上的庞加莱猜想情形的证明，对于三维和四维并不适用。且在数学家们看来，四维的情形将更为困难。可是出人意料的事情出现在 1982 年，青年数学家迈克尔·弗里德曼（Michael Freedman）匠心独用，运用完全不同于高维庞加莱猜想的方法证明了四维情形的庞加莱猜想。为此他进行了 8 年的研究。他不单证明了四维的庞加莱猜想，还将所有紧的四维单连通流形进行了分类。"这是我见过的最美妙的数学，原创性是它的特征，如果弗里德曼没有做这项工作，我觉得没有人能够解决这个问题"，有智者如是说。弗里德曼因此荣获 1986 年的菲尔兹奖。

菲尔兹奖的奖章

同年，还有一位数学家也因为拓扑学的贡献而获得菲尔兹奖，他是英国数学家西蒙·唐纳森（Simon Donaldson）。数学的世界就是如此的神奇：若将迈克尔·弗里德曼的技巧与西蒙·唐纳森同样美妙的工作结合，将会带给我们更加令人称奇的结果——在四维欧氏空间中存在着无穷多种彼此不同的微分结构！

不过，最初的那个经典的"三维情形的庞加莱猜想"依然在那里，等待着年轻一代的数学家来追寻和挑战！

一个三维闭流形，如果其中的每个闭圈都能收缩成一点，那么它是球面吗？

20 世纪 70 年代，美国数学家威廉·瑟斯顿（William Thurston）经由黎曼单值化定理的哲思，天才地将二维情形的数学故事带到了三维的情形。借助他所创造的叶层理

论之方法,瑟斯顿勾画出一幅关于三维流形的绝妙数学之图画:

任何三维流形都可以以某种本质上唯一的和自然的方式,沿着二维球面和环面被切成小片,所得到的每一片都具有八种几何结构中的一种。

他的这个断言,以"瑟斯顿几何化猜想"著称。其中蕴含着庞加莱猜想。

瑟斯顿的工作不单赋予庞加莱先生最初的猜想以一个更为宏大的架构,还将低维拓扑学与几何——特别是双曲几何、克莱因群、李群、复分析、动力系统等许多数学分支联系在一起。他因此荣获 1982 年的菲尔兹奖。在瑟斯顿等人的工作之后,低维拓扑学迅速在数学里占据主流地位。

20 世纪 80 年代,数学家理查德·哈密尔顿(Richard Streit Hamilton)天才地提出用一种独特的方法来"证明"庞加莱猜想,这就是 Ricci flow(里奇流方程)。里奇流方程是流形上的一类非常特殊的微分方程组,它的一边是黎曼度量关于时间的导数,而另一边则连接着里奇张量——这一奇特的数学存在,源自意大利数学家里奇(Gregorio Ricci-Curbastro)。

数学家们期待通过里奇曲率的驱动和里奇流的演化来完成一系列的拓扑手术,构造几何结构,将不规则的流形变成规则的流形,从而解决瑟斯顿几何化猜想以及庞加莱猜想!哈密尔顿在里奇流理论上做出了最为重要的贡献,他的诸多研究和一系列论文,为我们描绘了一个奇妙而复杂的哈密尔顿纲领。

至此,虽然还没有证明经典的庞加莱猜想,但人们已经看到了希望。为了鼓励数学界证明这一猜想,2000 年 5 月,美国克莱数学研究所将庞加莱猜想列为 7 个"千禧年大奖数学难题"之一,并为其悬赏一百万美元。

2002 年 11 月 11 日起,俄罗斯天才数学家格里戈里·佩雷尔曼(Grigory Perelman)先后在网站 www.arXiv.org 上张贴了 3 篇论文。在这些论文里,他证明了哈密尔顿关于里奇流的几乎所有猜想,因此也完成了瑟斯顿几何化猜想以及庞加莱猜想的证明。

格里戈里·佩雷尔曼

2006 年的那个夏天,第 25 届国际数学家大会在西班牙马德里举行,佩雷尔曼因完证庞加莱猜想而获得菲尔兹奖。不过,他却拒绝去领奖。这位数学天才的故事又是一个传奇。

Ⅱ. 话剧中的科学人物

在这两部数学话剧的故事历程中,出现了许多数学家:波恩哈德·黎曼、菲利克斯·克莱因、亨利·庞加莱、约翰·米尔诺、理查德·哈密尔顿……这些闪烁在数学天空里的名字,将共同勾画出这一数学话剧系列的精彩传奇。

在话剧《让我们从几何原本谈起》的第二幕第一场《让我们从〈几何原本〉谈起》中,除了一些数学字母精灵,还出现了天才数学家 R(黎曼),他是黎曼几何的创立者。

波恩哈德·黎曼

波恩哈德·黎曼(G. F. Bernhard Riemann,1826—1866)无疑是世界数学史上最具独创精神的数学家之一。他在微积分、复变函数、微分几何等诸多数学领域,以及物理学的许多地方都留下了他天才的印记!他是当今数学的一门重要学科黎曼几何的创立者。他的名字还出现在诸如黎曼 ζ-函数、黎曼积分、黎曼流形等许多极富创造性的概念里……作为高斯为数不多的学生之一,黎曼以他的天才和独创精神,延续着高斯时代所开创的哥廷根数学传统。"没有任何其他人可以比黎曼对现代数学具有更大的决定性的影响力!"F. 克莱因亦如是说。

黎曼于 1826 年 9 月 17 日出生在德国汉诺威王国的小镇布列斯伦茨(Breselenz)。尽管家境贫寒,他却在关爱和幸福中长大,成年后的黎曼总是对家人保持着最热烈的爱。1846 年,黎曼进入哥廷根大学学习哲学和神学。不过在旁听了一些数学讲座后,他转到了数学系。1847 年,缘于德国大学的学术传统,黎曼有机会到柏林大学深造,其间他随雅可比(Carl Jacobi)学习高等力学和代数,从狄利克雷那里学习数论和分析,随施泰纳(Jakob Steiner)学习近代几何学,从年轻的爱森斯坦(Gotthold Eisenstein)那里学习椭圆函数,还钻研了柯西等人的著作。两年后,黎曼回到哥廷根继续他的学业。1851 年,他在高斯的指导下获得博士学位。在其后的大部分时间里,黎曼都待在哥廷根,或执教,或做数学研究。1857 年,黎曼获得副教授的职位。两年后,狄利克雷在哥廷根去世,由黎曼接任他的教授席位。

黎曼无疑是一位天才的数学家。在其短短的不到20年的数学生涯里,他在复变函数论、解析数论、组合拓扑、代数几何和数学物理等诸多领域都做出了极为出色的贡献。其中的一项卓越的数学成就——黎曼几何学因为他的一篇演讲词而横空出世。那是1854年,为取得哥廷根大学编外讲师的资格,黎曼做了一场主题为"论作为几何学基础的假设"的演讲,开创了黎曼几何学。多年后,这门新几何学为爱因斯坦的广义相对论奠定了其数学理论基础。

在那一次演讲中,黎曼对所有已知的几何,包括之前诞生不久的双曲几何做了纵贯古今的概要,并提出一种新的几何体系,即如今的黎曼几何。1861年,黎曼写了一篇关于热传导的文章以竞争巴黎科学院的奖金,这篇文章后来被称为他的"巴黎之作",文中对他1854年的讲座稿做了技术性的加工,进一步阐明其几何思想。此文后来收集在他的文集中。

缘于高斯的影响,黎曼研究其几何空间的局部性质采用的是微分几何的途径,这同在欧几里得几何中或者前人在非欧几何中把空间作为一个整体进行考虑有所不同。在黎曼的几何里,他引入的流形是一种最为基本、最为一般的概念。黎曼将n维空间称为一个流形,n维流形中的一个点,可以用n个可变参数来表示,而所有这些点的全体则构成流形本身,这n个可变参数称为流形的坐标,当这些量连续变化时,对应的点就遍历这个流形。

随后他仿照传统的微分几何定义了流形上两点之间的距离、曲线之间的夹角等概念,推出测地线方程。以此为基础,黎曼在流形上定义了刻画空间弯曲程度的曲率这一概念,展开对n维流形几何性质的研究。他在n维流形上获得的结论与高斯等人在曲面情形的结果是一致的。因此,黎曼几何是经典微分几何的自然推广。

在话剧《让我们从〈几何原本〉谈起》的第二幕第二场中,主要出现了两位人物——H和C,其中H代表的是德国数学家赫维茨(Adolf Hurwitz),而C则是指美国数学家弗兰克·科尔。两人都是克莱因的博士研究生。尽管在19世纪数学的历史上,他们不见得真的曾在莱比锡大学图书馆见过面、聊过数学,可是通过话剧的跨越时空演绎,两者欣然漫步在同一话剧主题里,一道为我们讲述黎曼几何学的精彩知识画片。

弗兰克·科尔(Frank Cole,1861—1926),美国数学家。他的主要研究领域是数论,尤其是在有关素数的理论和群论方面有着重要的工作。尽管在职业生涯中科尔发表的论文不多,他却为美国数学的发展做出了杰出的贡献。

科尔于1861年9月20日出生在美国马萨诸塞州的阿什兰,他的父亲奥蒂斯·科尔(Otis Cole)是一位农民,同时也是一名从事制造业的木材经销商——有意思的是,他竟然还是一名数学爱好者。科尔高中毕业后,于1878年进入哈佛大学读书。在那

弗兰克·科尔

里,他的表现非常出色,不仅在1882年被授予学士学位,还获得了奖学金,因此有机会到欧洲进一步深造。1883—1885年,科尔来到莱比锡大学,跟随克莱因从事数学研究。在名师的指导下,他的进步是巨大的。其间他也在哥廷根待了一段时间,并在那里遇见了他未来的妻子玛丽·斯特雷夫(Martha Marie Streiff),他们于1888年结婚,并育有一个女儿和三个儿子。

1886年前后,科尔回到哈佛大学,在克莱因的指导下完成了他的博士论文,并于1886年获得哈佛大学的博士学位。1887—1888年,科尔在哈佛大学当导师(tutor),他的一些学生,如奥斯古德(William Osgood)和博谢(Maxime Bôcher),后来成为著名的数学家。1888年10月,他被聘为密歇根大学的讲师,次年晋升为助理教授。1895年,科尔被任命为哥伦比亚大学的教授,此后他一直在那里工作,直到生命的最后时刻。

这里有一个数学传奇是和科尔相关的。

话说1903年10月,科尔在美国纽约召开的一次学术会议上提交了一篇论文《大数的因子分解》。轮到科尔做报告时,他走上讲台,只言未吐,只是在黑板上写下这样一个算式:

$$2^{67} - 1 = 147\,573\,952\,589\,676\,412\,927$$
$$= 193\,707\,721 \times 761\,838\,257\,287。$$

之后,他一声不吭地回到了自己的座位上。时间过了约一分钟,台下响起了雷鸣般的掌声。

会后,有人问科尔:"你花了多少时间来得到这个算式?"

"3年的全部星期天!"科尔静静地说道。

这场"无声的报告"现已成为数学史上的一段佳话。

纵其一生,科尔为美国数学的发展做出了重要的贡献。从1896年被选为美国数学学会的秘书长开始,到1920年他一直担任这一职务。为了感激他的贡献以及纪念他,美国数学会于20世纪20—30年代特别设立科尔奖[包括科尔代数奖(1928)和科尔数论奖(1931)],如今这些奖项已享誉数学界。值得一提的是,中国数学家张益唐、许晨阳分别于2014年、2021年获得科尔数论奖和科尔代数奖。

阿道夫·赫维茨(Adolf Hurwitz, 1859—1919),德国数学家。他在函数论、代数数论等领域做出了极为出色的贡献,并以黎曼面(代数曲线)上的赫维茨公式闻名于世界数坛。

赫维茨于1859年3月26日出生在德国汉诺威王国的希尔德斯海姆(Hildesheim)。1868年,他进入当地的一所中学读书,他的老师舒伯特(Hermann Schubert)十分欣赏他的数学才能,所以常在星期天专门向赫维茨传授自己擅长的学问——后人称它"舒伯特演算"。正是在舒伯特的引荐下,1877年,赫维茨顺利进入慕尼黑大学,跟随克莱因研究数学。1880年,克莱因移驾莱比锡大学,赫维茨也随之来到这座音乐之都。1881年他在莱比锡大学获得博士学位。

阿道夫·赫维茨

此后,赫维茨在哥廷根大学执教两年。1884年,在林德曼(Ferdinand von Lindemann)的邀请下,赫维茨到柯尼斯堡大学担任副教授,那时他还不到25岁。其间他与希尔伯特以及闵可夫斯基(Hermann Minkowski)在柯尼斯堡的遇见,这注定是数学历史上的一段奇缘,正是从那时候起,他们开始了去苹果树下的数学散步三人行。而这段数学散步的时光之旅对三位年轻人都有着无限的启迪,正如希尔伯特后来回忆说,

在日复一日的散步中,我们全都埋头讨论当前数学的实际问题;相互交换我们对问题新近获得的理解,交流彼此的想法和研究计划。就这样,我们之间结成了终身的友谊……那时候没想到,我们竟会把自己带到这么远。

1892年,赫维茨离开柯尼斯堡,接任弗罗贝纽斯(Georg Frobenius)在苏黎世联邦理工学院留下的教授职位。在那里,他度过了自己的余生。

在话剧的第二幕第三场中,呈现的是两位数学家跨越时空的对话——参与数学对话的两位学者是克莱因和庞加莱。

菲利克斯·克莱因(Felix C. Klein,1849—1925年),20世纪最伟大的数学家之一。他在代数、几何、自守函数论等领域都做出了极为重要的贡献。除此之外,克莱因还是数学教育的大师,他是1908年成立的国际数学教育委员会的第一任主席。当今国际数学教育的最高奖之一的克莱因奖即以他的名字命名。他所著的《19世纪数学的发展》《非欧几何学》和《高观点下的初等

菲利克斯·克莱因

数学》等都给后来的数学人以不寻常的力量。

1849年4月25日,克莱因出生在莱茵河畔的杜塞尔多夫(Düsseldorf)。在他的家乡读完文理中学后,克莱因于1865年进入波恩大学攻读数学与物理学。最初克莱因想成为一名物理学家,不过其间他遇见了普吕克(Julius Plücker),后者在几何学上的兴趣对克莱因产生了重要的影响。1868年,在普吕克的指导下,克莱因获得博士学位。同年,普吕克不幸离世,留下还未完成的关于线几何的书。在完成普吕克的未竟之书的过程中,克莱因有幸与克莱布什(Alfred Clebsch)相识。那时克莱布什正在哥廷根任教授。随后克莱因访问了克莱布什,也访问了柏林和巴黎。1872年,在克莱布什有力的推荐下,克莱因被任命为埃尔朗根大学的教授,这是当时数学界的一个传奇,那年他才23岁。克莱因在埃尔朗根大学的就职演讲——现以"埃尔朗根纲领"著称——论述了以变换群的观点将当时已有的各种几何学加以分类与研究,他的这一观点对现代几何学的创新和发展具有极为深远的影响。克莱因在埃尔朗根只待了三年,随后又到慕尼黑工业大学执教。1880年,克莱因被任命为莱比锡大学的教授。他在那里开设了系统的几何学课程,还创办了第一个数学讨论班。在埃尔朗根、慕尼黑和莱比锡的数学岁月,不单是他最快乐的时期,或许也是其在数学上最富创造性的时期。而且他培养了一些优秀的学生,其中著名的有林德曼、赫维茨、科尔等。1886年年初,克莱因来到哥廷根任教授。此后在他的带领下,特别是在1895年年初因为希尔伯特的到来,由高斯开创的哥廷根学派逐渐步入它的全盛时期。

克莱因还是一位数学教育的大师,其晚年致力于数学教育,他为中学教师所写的《高观点下的初等数学》一书具有非常广泛的影响力,已被译为多国文字。同样著名的还有名为"克莱因瓶"的神奇瓶子,若将水注入瓶中,不用打开瓶盖,它会自己流出瓶外。克莱因瓶是数学拓扑学领域最为奇特的曲面之一。

亨利·庞加莱(Jules Henri Poincaré,1854—1912),20世纪最伟大的数学家之一。他在数论、代数、几何学、拓扑学、天体力学、数学物理和科学哲学等许多领域都做出了重要的贡献。庞加莱在数学上的卓越工作对20世纪,乃至当今的数学都有着极为深远的影响。他在天体力学上的研究被认为是牛顿之后的一座里程碑。此外,他还是相对论的理论先驱。有一个著名的评价如是说:庞加莱是人类历史上最后一个数学全才。

庞加莱于1854年4月29日出生在法国南锡。他的

亨利·庞加莱

父亲莱昂·庞加莱(Léon Poincaré)是南锡大学的医学教授。在亨利·庞加莱的童年时代,他的智力发展极快,这当归功于母亲的精心照料。他很早就学会了说话,可是一开始说得很糟糕,这是因为他想得比说得还快。自小时候起,庞加莱的运动协调能力就非常差,他的写字和画画都不怎么好看,身体不灵活这个毛病则影响了他的一生。有一件相关的趣事说的是,庞加莱成为世界一流的数学家之后,曾参加过比奈测验,他的表现太糟了,还不如一名低能儿。

5岁那年,庞加莱因感染了白喉而有近一年的时间无法开口说话,这使得他的健康受损,并远离了吵吵闹闹的童年嬉戏。庞加莱只好另找乐趣,这就是读书。在这个广阔的天地里,他的天资逐渐得以展现,读书也增强了他的空间记忆能力。他的视力不好,上课看不清老师写在黑板上的东西,只得全凭耳朵听,因此慢慢地他能够在头脑中完成复杂的数学运算。1862年,庞加莱进入南锡中学读书,除在音乐和体育课上表现一般外,他在各方面都称得上成绩优异。少年庞加莱的数学才华在那时已经彰显无遗,他的老师形容他是一只"数学怪兽",这只怪兽席卷了包括法国高中数学竞赛第一名在内的几乎所有荣誉。

15岁前后,奇妙的数学紧紧地扣住了庞加莱的心弦。1873年,庞加莱进入巴黎综合理工学院攻读数学,在那里,他以在数学上的卓越才气以及在体育锻炼与绘画领域的极端无能而闻名。两年后,21岁的庞加莱以优异的成绩毕业。然后他进入国立高等矿业学校(the École des Mines),这是一所工程学分支最古老也最有声望的大学校。此后庞加莱从事过一段短暂却很出色的采矿工程师的工作,其间,他在埃尔米特(Charles Hermite)的指导下完成了自己的博士论文。1879年12月,庞加莱在卡昂大学获得一个教职。又两年后,他被提升为巴黎大学的教授,讲授力学和物理学等课程。庞加莱在这里度过了富有数学传奇的一生。

庞加莱的数学创造开始于1878年,直到他1912年7月17日逝世——那时他还正处于极富创造力的鼎盛时期。在不长的34年科学生涯中,庞加莱发表了将近500篇论文和30多部专著,这些论著囊括了数学、物理学以及天文学的许多分支,其中还没有将他的科学哲学经典著作和科普作品计算在内。作为20世纪的数学巨匠,庞加莱的足迹遍布数学的众多领域——他在函数论、代数拓扑学、数论、代数几何学、微分方程、数学基础、非欧几何等都做出了卓越的贡献。自守函数、三体问题、动力系统、欧拉-庞加莱公式、庞加莱对偶定理……都见证了亨利·庞加莱的天才。不过,他对现代数学最重要的影响是创立了代数拓扑学。在庞加莱与此相关的一系列论文里,著名的"庞加莱猜想"跃然纸上。经由此,迎来了一个百年的数学传奇。可以想象,在这部数学话剧里有那最为独特的一场,谈及庞加莱先生的问题与猜想,以及富有诗意的一段文字:Mais cette question nous entraînerait trop loin。

在话剧的第三幕第一场中,谈及一些数学家——贝尔特拉米、贝蒂、波尔·希嘉德,他们的数学与生平也值得一听。

欧金尼奥·贝尔特拉米

欧金尼奥·贝尔特拉米(Eugenio Beltrami, 1835—1900),意大利数学家。他在曲线与曲面的微分几何学以及流体力学、位势理论、光学等领域有重要贡献。其中尤其以非欧几何的伪球面模型构造最为著名。

贝尔特拉米于1835年11月16日出生在意大利克雷莫纳的一个艺术世家。他的父亲,有着和他一样的名字,也叫欧金尼奥·贝尔特拉米,是一位从事微型绘画制作的艺术家。小贝尔特拉米当然继承了家族的艺术天赋。作为一名音乐爱好者,他对数学与音乐之间的联系尤感兴趣。1853年,贝尔特拉米进入帕维亚大学学习数学。他在那里待了三年后,由于经济困难不得不离开学校,先是在维罗纳给一个铁路工程师当秘书,后来又去了米兰。在工作期间,他继续进行数学研究,并于1862年发表了他的第一篇数学论文。

1861年,意大利王国建立。1862年,贝尔特拉米被聘为博洛尼亚大学的代数和解析几何客座教授。他在博洛尼亚待了两年后,接受了比萨大学测量学系的教授一职。1866年,他又回到博洛尼亚大学,任理论力学教授。在比萨时,他和贝蒂(E. Betti)成为好友;在博洛尼亚,又与擅长几何学的克雷莫纳(A. L. Cremona)共事,由此开始了他数学创造的辉煌时期,其声望与日俱增。1870年,罗马成为意大利的首都,新建的罗马大学聘请贝尔特拉米为该校的理论力学教授,但他于1873年才去赴任。贝尔特拉米在罗马待了三年后,又到帕维亚大学担任数学物理教授。1891年,他又回到罗马,在那里度过了生命的最后一段时光。

由于受到克雷莫纳、罗巴切夫斯基、高斯和黎曼等人的影响,贝尔特拉米在曲线和曲面的微分几何领域做出了重要的贡献。在他于1862年发表的第一篇论文里,论述的就是曲线的微分几何。两年之后,在题为《分析应用于几何的研究》的论文中,贝尔特拉米扩展了法国数学家拉梅关于微分不变量的研究,第一个对曲面论的不变量进行了研究,被认为是微分几何中不变量方法应用的开端。不过他在这一领域最为著名的工作是1868年发表的《论非欧几何的解释》一文,该文在系统总结贝尔特拉米前几年微分几何研究成果的基础上,提出了非欧几何的伪球面模型——它使得非欧几何从虚幻中走出来,成为眼见为实的一种几何,被认为是非欧几何发展史上的一个里程碑。

此外还值得一提的是,贝尔特拉米对数学史的研究亦有重要贡献。在 1889 年的一篇论文中,贝尔特拉米对萨凯里的几何学研究与沃利斯等人的研究以及罗巴切夫斯基、亚诺什·鲍耶的非欧几何进行了比较研究,并提请数学界进一步关注萨凯里于 1733 年对平行公理的研究。

贝蒂(Enrico Betti,1823—1892),意大利数学家。他以在代数与拓扑领域的贡献而闻名数学世界。

贝蒂于 1823 年 10 月 21 日出生在意大利托斯卡纳区的皮斯托亚。他在家乡一所古老的学校完成古典教育。此后,贝蒂进入比萨大学学习数学和物理。1846 年,他在朱塞佩·多韦里(Giuseppe Doveri)的指导下获得了学士学位。大学毕业后,贝蒂在比萨大学做过一段时间的助教。自 1849 年起,他先后在皮斯托亚、佛罗伦萨等地的中学教过书。1857 年,贝蒂被任命为比萨大学的数学教授,并在那里度过了余生。贝蒂曾两次为意大利的独立而战,并于 1862 年当选为意大利新议会的议员。

贝蒂

贝蒂在数学和物理学的许多领域都做过研究。他的早期工作与代数方程理论相关,贝蒂拓展了伽罗瓦理论的代数概念并给出了相关理论的证明,为古典代数向近世代数的过渡做出了重要贡献。1858 年前后,贝蒂访问了哥廷根、柏林和巴黎,并与当地的学者们进行了广泛的数学交流。尤其是在哥廷根,贝蒂结识了黎曼,并与他成为亲密的朋友。正是黎曼唤醒了贝蒂对数学物理的兴趣,并启发了他对于拓扑学的研究。贝蒂于 1871 年发表的一篇关于拓扑学的重要论文,包含了我们如今所说的"贝蒂数"——这一重要的概念是由亨利·庞加莱命名的,多年后他受贝蒂这一工作的启发研究拓扑学,进而定义了贝蒂数。此外,还值得一提的是,作为一位热情且讲解清晰的老师,贝蒂的讲座深受学生们的喜爱。在他众多的学生中,有一位或许最为有名——里奇(Gregorio Ricci-Curbastro)。

波尔·希嘉德(Poul Heegaard,1871—1948),丹麦数学家。他在拓扑学领域上有着重要的贡献。希嘉德的名字经常出现在低维拓扑,特别是三维流形的研究中。

希嘉德于 1871 年 11 月 2 日出生在丹麦的哥本哈根。他的父亲索菲斯·希嘉德(Sophus Heegaard)是哥本哈根大学的哲学教授。小时候的希嘉德并不擅长算术(可是他却很有代数学的天赋),由于受父亲的影响,他对天文学怀有极大的兴趣。不过在高中时代,受老师的影响希嘉德在数学上取得了巨大的进步。1889 年,希嘉德高中毕业,随后进入哥本哈根大学学习数学。1893 年,他在哥本哈根大学获得硕士学位,同

波尔·希嘉德

年有机会到巴黎做学术访问。不过,巴黎之行让希嘉德在数学上颇感失望,于是在一个学期后,他去了哥廷根。在那里,与克莱因之间的数学交流对希嘉德未来的工作产生了极大的影响,特别是激发了他对拓扑学的研究兴趣。1894年10月,希嘉德回到了哥本哈根。1898年,希嘉德完成了题为《代数曲面的连通性拓扑理论的初步研究》(Preliminary studies towards the topological theory of connectivity of algebraic surfaces)的博士学位论文。尽管这篇论文是用丹麦语写成的,但它很快在国际上广为人知。因为在此论文中,希嘉德给出了刚刚出现的庞加莱对偶定理早期版本的一个反例。正是这个反例促使庞加莱进一步漫步于数学思考,进而来澄清代数拓扑学的一些基本概念。希嘉德在数学上的另外一项重要贡献是他与马克斯·德恩(Max Dehn)在1907年合著的综述文章《位置分析》(Analysis Situs),在这篇论文中,他们阐述了组合拓扑学的理论基础,并第一次给出了紧致闭曲面分类定理的严格证明。

1910年,希嘉德被任命为哥本哈根大学校长。他在这个职位上待了7年。之后转到挪威的克里斯蒂尼亚大学(现奥斯陆大学)工作。1918年,希嘉德成为挪威数学学会的创始人之一,并于1929年至1934年担任该学会的主席。在奥斯陆大学以及挪威数学学会工作期间,希嘉德承担了编辑著名数学家索菲斯·李的数学作品的工作。不管是作为出色的数学教师,还是作为数学工作管理者和作品编辑者,希嘉德都为挪威的数学发展做出了杰出的贡献。

在话剧的第三幕第二场中,出现了一位著名的数学人物希尔伯特。在20世纪国际数学的舞台上,希尔伯特和庞加莱一样伟大,他俩就像是一对"双子星",闪烁在那个时代数学历史的星空。

希尔伯特(David Hilbert,1862—1943),20世纪最伟大的数学家之一。和庞加莱一样,希尔伯特的研究足迹遍及数学与物理学的诸多领域。他在代数、几何、分析、数学物理,乃至元数学等领域取得了一连串无与伦比的数学成就,使他无可争辩地成为世界数学的领袖人物。希尔伯特于1900年在巴黎第二届国际数学家大会上提出著名的23个数学问题,极大地激发了整个数学界的想象力,对20世纪世界数学的发展产生了深远的影响。希尔伯特就像数学世界的亚历山大,在整个数学版图上留下了他巨大而显赫的名字。

希尔伯特于1862年出生在东普鲁士首府柯尼斯堡附近的韦劳(Wehlau)。他来自一个17世纪起定居于萨克森弗莱贝格附近的中产家庭。希尔伯特的成长深受康德名言的抚育,每当这位哲学家的诞辰纪念日,少年希尔伯特总是诚心诚意地陪伴着爱好哲学的母亲去康德的墓地瞻仰先哲。1880年,希尔伯特进入柯尼斯堡大学攻读数学,其间他与天才的闵可夫斯基和青年数学家赫维茨成为好友,在日复一日的散步里,他们将自己带向数学世界的远方。1885年,在林德曼的指导下,希尔伯特获得柯尼斯堡大学的博士学位。之后他踏上了通往莱比锡、巴黎、哥廷根、柏林的数学旅途。1886年,希尔伯特获得柯尼斯堡大学的教师资

希尔伯特

格。1892年升任为副教授。一年后又升任教授。1895年,缘于克莱因的邀请,希尔伯特来到哥廷根,接任韦伯(Heinrich Weber)留下的教授席位。哥廷根的数学,因为希尔伯特的到来,迎来其最是辉煌的克莱因—希尔伯特时代。希尔伯特在哥廷根度过了他的余生。若想知道更多关于希尔伯特的科学传奇,不妨去阅读康斯坦丝·瑞德所著《希尔伯特——数学世界的亚历山大》一书。

这一场除了希尔伯特之外,话剧故事还谈及一些数学家,比如马克斯·德恩、海因里希·蒂策,在庞加莱猜想的征程中亦闪烁有他们的身影。

马克斯·德恩

马克斯·德恩(Max Wilhelm Dehn,1878—1952),德裔美籍数学家。他在拓扑学的研究上做出了许多重要的贡献。德恩以最先解决希尔伯特23个问题之一而闻名于国际数学界。

马克斯·德恩于1878年11月13日出生在德国汉堡。他的父亲是一名医生。中学毕业后,德恩进入弗莱堡大学攻读数学。由于德国大学的教育传统,其间他可以到哥廷根大学数学系学习。1900年,德恩在希尔伯特的指导下获得博士学位。正是在那一年,他解决了希尔伯特于当年提出的23个问题中的第三个问题。德恩关于这一问题的答案是:No! 经由现在我们称为"德恩不变量"的概念,他构造了一个绝妙的反例。由此他拥有"希尔伯特问题解决者"的无上荣耀。1907年,德恩与波尔·希嘉德两人合作撰写了一篇关于拓扑学的系统论述文章——这是一篇极具影响力的论文,后来有学者评论说:

它首次系统地为我们展示了一个极具深度和美感的研究方向——其可以追溯到欧拉、高斯、利斯廷、黎曼、莫比乌斯、贝蒂和庞加莱——当时被称为"位置分析",今天则名为几何拓扑。

著名的"庞加莱猜想"随后成为德恩想攻克的目标。可以想象,最后他也没有成功。尽管如此,他依然在低维拓扑的研究上做出了许多重要的贡献。

在其博士毕业后,德恩在许多地方工作过:明斯特(1900—1911年)、基尔(1911—1913年)、布雷斯劳(1913—1921年)、法兰克福(1921—1937年)。因为二战的政治风云,德恩后来不得已移民美国,并在那里度过了他的后半生。

海因里希·蒂策

海因里希·蒂策(Heinrich Tietze,1880—1964),奥地利数学家。他为一般拓扑学和组合群论的研究做出了重要的贡献,并以他名字命名的定理——蒂策扩张定理——而闻名数坛。

蒂策于1880年8月31日出生在奥地利的施莱恩斯。他在维也纳完成了大学教育,其间蒂策与埃伦费斯特(Paul Ehrenfest)、汉斯·哈恩(Hans Hahn)和赫格洛茨(Gustav Herglotz)建立了密切的友谊,他们后来都成为出色的数学家。1902年,在赫格洛茨的建议下,蒂策到慕尼黑进修了一年,之后又回到维也纳,并于1904年获得博士学位。1905年,在听了维廷格(Wilhelm Wirtinger)在维也纳大学讲授的有关代数函数及其积分的系列讲座后,蒂策对拓扑学产生了极大的兴趣,从那时起,拓扑学成为他的主要研究课题。

1910年,蒂策被聘为布鲁恩大学(今布尔诺大学)的数学编外教授,并于1913年晋升为教授。然而,第一次世界大战的爆发中断了他的职业生涯。战争开始时,蒂策被征召到奥地利军队服役。战后不久,他接受了埃尔朗根大学的数学教授席位。在那里待了6年之后,蒂策又转到慕尼黑大学工作,直到83岁去世。

在话剧的第三幕第三场中,主要出现了如下的一些数学家——詹姆斯·亚历山大、亨利·怀特海、宾、沃尔夫冈·哈肯、莫伊兹等。

詹姆斯·亚历山大(James Alexander,1888—1971),美国数学家。他在拓扑学上做出了重要的贡献。以他的名字命名的亚历山大多项式是一类重要的纽结不变量。

1888年9月,亚历山大出生在美国新泽西州。中学毕业后,他进入普林斯顿大学学习数学和物理,并在1910年获得理学学士学位,一年后,又获得硕士学位。1912年,他前往欧洲深造。然后回到普林斯顿继续他的数学研究,并于1915年获得博士学位。之后他有机会在普林斯顿大学数学系工作。1933年,亚历山大被聘为普林斯顿高等研究院的教授,直到1951年退休。然而,他从未在高等研究院领过薪水,因为作为一位百万富翁,亚历山大不需要薪水。

亚历山大的主要研究领域是拓扑学。在1920年之前的早期工作中,他证明了单纯复形的同调群是一类拓扑不变量,这为庞加莱当初的直觉思想提供了更为坚实的基础。20世纪20年代,他推广了若尔当闭曲线定理,

詹姆斯·亚历山大

证明了亚历山大对偶定理以及构造了著名的角球(the now famous Alexander horned sphere)。1928年,他发明亚历山大多项式,这是纽结理论中第一个多项式纽结不变量,后在纽结理论被广泛使用。作为代数/组合拓扑学发展的主要人物之一,亚历山大为庞加莱的同调群思想奠定了数学基础,而且还发展了上同调理论。

亨利·怀特海(Henry Whitehead,1904—1960),英国数学家。他在微分几何和拓扑学领域都有着重要的贡献。尤其是,怀特海因其在同伦等价性方面的著名工作而被后来者铭记。他和维布伦(Oswald Veblen)合著的《微分几何基础》一书,现已成为一部数学经典。

亨利·怀特海于1904年11月11日出生在印度马德拉斯市。他来自一个与教会有着深厚渊源的家庭。然而,在他的家人中亦有着优秀的数学教育传统。他的母亲曾在牛津大学学习数学,是早期的女大学生之一。而著名数学家、哲学家阿尔弗雷德·怀特海(Alfred North Whitehead)则是他的叔叔。约在1岁半的时候,

亨利·怀特海

小亨利被父母带回英国,之后他由住在牛津的外祖母抚育长大。怀特海的童年是快乐的,他经常和祖母一道坐在马车里去兜风。在著名的伊顿公学毕业后,怀特海进入牛津大学攻读数学。约在1928年,怀特海在牛津遇到了从普林斯顿前来学术休假的维布伦,后者关于微分几何的精彩演讲引起了他的浓厚兴趣,因此怀特海决定到普林斯顿跟随维布伦进行这一主题的研究。在维布伦的支持和帮助下,怀特海于1929年夏天如愿进入普林斯顿大学深造。3年后,他在维布伦的指导下完成题为《射影空间的表示》的博士论文,并在普林斯顿大学获得博士学位。其间他开始对拓扑学感兴趣。

怀特海在获得博士学位后即回到英国,继续从事微分几何的研究,并于1933年被选为牛津大学巴利奥尔学院的研究员。二战期间他曾参与各个政府部门的服务工作,并帮助许多数学家逃到安全的地方。1947年,怀特海被任命为牛津大学的纯数学教授。他一直对几何学感兴趣,不过从1941年开始,他主要关注拓扑学,并在同伦理论上做出了重大贡献。1960年5月,怀特海在访问普林斯顿高等研究院时去世,有意思的是,那里也是他的数学研究生涯开始的地方。

宾

宾(R. H. Bing,1914—1986),美国数学家。他主要从事几何拓扑领域的研究,并为此做出了出色的贡献。宾所著的《三维流形的几何拓扑》是一部研究低维拓扑的经典著作。宾曾在1977—1978年担任美国数学学会主席。

宾于1914年10月20日出生在美国得克萨斯州的奥克伍德。他由母亲抚育长大。在母亲的教导下,宾在很小的时候就能够阅读和做算术,并且对数学有着浓厚的兴趣。1932年前后,他考入得克萨斯州西南师范学院。其间宾非常努力地学习,只花了两年半的时间就完成了所有的课程,并于1935年获得学士学位。为了减轻母亲的负担,宾通过半工半读的方式供养他的妹妹上大学。从师范学院毕业后,宾做了四年半的高中数学教师。其间他利用暑期在德克萨斯大学进修研究生课程,于1938年获得硕士学位。正是在德克萨斯大学进修的时间里,宾遇见了他的数学伯乐——数学家穆尔(Robert Lee Moore),在后者的指导下,宾完成了他的博士论文,并于1945年获得博士学位。他留在德克萨斯大学继续工作了一段时间,之后获得了威斯康星大学助理教授的职位,后来又被提升为副教授、教授。直到1973年,他回到了德克萨斯大学,在1975—1977年担任数学系主任。此后他一直在那里工作,直到1985年退休。

宾在拓扑学方面的工作涉及许多不同领域。除了其所做的出色研究工作,他还为美国数学的发展做出了重要贡献,因此于1974年获得美国数学协会颁发的数学杰出服务奖。宾是一个富有幽默感的、性格坚强、正直的人。由于在从事专业数学研究之前宾曾在高中任教多年,他对教育的兴趣持续一生。

沃尔夫冈·哈肯,德国数学家。他主要研究拓扑学,尤其是三维流形方面。哈肯因解决四色定理而闻名国际数坛。

哈肯于1928年6月21日出生在德国柏林。他的父亲沃纳·哈肯(Werner Haken)是一位物理学家。1953年,哈肯在德国基尔大学获得博士学位。1962年,他移居美国,成为伊利诺伊大学的客座教授,并于1965年成为该校的正教授,此后一直在那里工作,直到1998年退休。哈肯以其在三维流形上的研究而闻名数学江湖。此外,他也是对算法拓扑有重要影响的人物之一。

1976年,哈肯与其在伊利诺伊大学香槟分校的同事肯尼思·阿佩尔(Kenneth Appel)一道完成了著名的四色定理的最终证明,并于1979年荣获美国数学会颁发的富尔克森奖。

关于莫伊兹(Edwin E. Moise,1918—1988)的人物生平并不多见。作为一名出色的数学家,他在几何拓扑领域做出重要贡献。和宾一样,他也是穆尔的博士生。此外,莫伊兹还是一名优秀的数学教育改革者和作家。

沃尔夫冈·哈肯

在话剧的第四幕第一场中,出现两位人物——数学家斯蒂芬·斯梅尔和他的"灵魂的镜像"。两者的互动,为我们讲述了斯梅尔证明高维庞加莱猜想的简约版话剧故事。

斯蒂芬·斯梅尔

斯蒂芬·斯梅尔(Stephen Smale,1930—),美国数学家。1966年,斯梅尔因完成了高维庞加莱猜想的证明而荣获菲尔兹奖。除此之外,斯梅尔还在动力系统等领域做出开创性的贡献。他在2007年获得国际数学界的另外一项大奖,沃尔夫奖。

斯蒂芬·斯梅尔于1930年7月15日出生在密歇根州东部的弗林特,这个小镇以通用汽车公司的所在地而闻名。从5岁起,斯梅尔就住在一个小农场里,他在距离农场不远的一所乡村小学上了8年学。高中时,斯梅尔最喜欢的科目是化学。不过当他进入密歇根大学读书后,斯梅尔的兴趣转向了数学。他于1952年在密歇根大学获得学士学位,次年获得硕士学位。之后,斯梅尔继续在密歇根大学攻读博士学位。在博特(R. Bott)的指导下,他于1957年完成题为《黎曼流形上的正则曲线》(*Regular Curves on Riemannian Manifolds*)的博士论文,并于同年获得博士学位。1956年至1958年间,斯梅尔被聘为芝加哥大学的讲师。1958年至1960年间,他在普林斯顿高等研究所做博士后研究。不过其间有6个月的时间,斯梅尔是在巴西里约热内卢的数学研究所度过的。正是在那段时间里,他获得证明高维庞加莱猜想的灵感。1960年,斯梅尔被聘为加州大学伯克利分校数学系的副教授,不过第二年他转到了哥伦比亚大学任教授。三年后,斯梅尔又被聘为加州大学伯克利分校的教授,在那里,他度过了他的职业生涯的大部分时光。

正如上面提到的,斯梅尔于 1966 年在第十五届国际数学家大会上获得菲尔兹奖章。同年,他还获得了美国数学学会颁发的维布伦几何奖,斯梅尔获奖的理由是:

"……感谢他对微分拓扑学各个方面的贡献。"

除此以外,斯梅尔还在 2007 年获得了沃尔夫数学奖。评委会的颁奖词如是道:

"……因其在微分拓扑学、动力系统、数理经济学和其他数学学科的开创性贡献以及在这些学科的形成中所发挥的重要作用。"

这一场话剧的故事还谈及其他一些数学家,如勒内·托姆、希策布鲁赫、塞尔、莫尔斯、庞特里亚金、博特等,他们的思想对于斯梅尔证明高维的庞加莱猜想有着非常重要的作用。

勒内·托姆

勒内·托姆(René Thom,1923—2002),法国数学家。

托姆于 1923 年 9 月 2 日出生在法国杜布斯地区的蒙彼利亚德。在小学时代,托姆即展示出不寻常的数学能力。后来,托姆在蒙彼利亚德的读书生涯因第二次世界大战的爆发而中断。为避免战乱,父母将他送到南方。回到法国后,托姆先后在里昂、巴黎继续他的学业。1943 年,在圣路易斯中学毕业之后的第二年,托姆入读巴黎高等师范学院。其间他深受亨利·嘉当(Henri Cartan)以及布尔巴基学派数学思想的影响。1946 年,托姆从巴黎高等师范学院毕业后,去了斯特拉斯堡。在那里,他继续跟随亨利·嘉当从事数学研究,并于 1951 年获得巴黎大学的博士学位。之后,托姆先后任教于格勒诺布尔大学、斯特拉斯堡大学。1963 年,他被聘为法国高等科学研究所的终身教授。

因其在拓扑学领域的工作,尤其是在示性类、配边理论和托姆横截性定理方面的工作,托姆于 1958 年获得了菲尔兹奖章。托姆配边理论的创立,正是他博士论文的主要内容之一。不过,托姆最著名的工作是,他于 1968 年建立了突变理论,现如今,这一理论已在物理学、生物科学以及社会科学等领域中有着广泛的应用。对此理论有兴趣的读者可关注托姆在 1972 年出版的《结构稳定性和形态发生学》一书以及此后的发展。

希策布鲁赫(Friedrich Hirzebruch，1927—2012)，德国数学家。作为20世纪最有影响力的数学家之一，希策布鲁赫在拓扑学、代数几何和整体微分几何等诸多领域都做出了极其卓越的贡献。他因此获得了一系列荣誉，如在1988年获得沃尔夫数学奖，以及在1999年获得阿尔伯特·爱因斯坦奖章，等等。

希策布鲁赫

1927年10月17日，希策布鲁赫出生于德国威斯特伐利亚州的哈姆。他的父亲弗里茨·希策布鲁赫(Fritz Hirzebruch)是哈姆一所中学的校长，同时也是一名数学教师。在父亲的影响下，希策布鲁赫自小就喜欢数学。在经过第二次世界大战的洗礼后，希策布鲁赫于1945年11月获准进入明斯特大学学习数学和物理，并于1950年获得博士学位。1951—1956年，他先后任职于埃尔朗根大学、美国普林斯顿高等研究院、明斯特大学以及普林斯顿大学。1956年，希策布鲁赫被聘为波恩大学的正教授，直到1993年退休。

这里还值得一提的是，希策布鲁赫于1980年在波恩创建了马克斯·普朗克数学研究所，并担任首任所长。这个研究所面向来自世界各地的数学家开放，从而为20世纪数学的发展做出了重要贡献。希策布鲁赫是美因茨、海德堡、柏林科学院的院士，还是荷兰皇家科学院、美国国家科学院、巴黎科学院等多国的院士。希策布鲁赫曾于1961年、1962年和1990年担任德国数学学会会长。此外，他还是1998年在德国柏林举行的第二十三届国际数学家大会的名誉主席。

让-皮埃尔·塞尔

让-皮埃尔·塞尔(Jean-Pierre Serre，1926—   )，法国数学家。作为20世纪数学最重要的数学家之一，他在代数拓扑学、代数几何和代数数论等诸多领域做出了重要贡献。塞尔曾于1954年荣获菲尔兹奖，时年28岁，是迄今为止最年轻的菲尔兹奖得主。他还是沃尔夫数学奖(2000年)和阿贝尔奖(2003年)的获得者。此外，塞尔是法国科学院、美国国家科学院、荷兰皇家艺术科学院等多个国家科学院的院士。

塞尔于1926年9月15日出生在法国南部的巴热，父母都是药剂师。他自小就喜欢数学，到了十四五岁，即开始自学微积分。除了数学，塞尔也喜欢化学，这或许是受其父母的影响。不过，最后他放弃了化学。1945年，塞尔考进了巴黎高等师范学院，他最初的想法是当一名高中数学教师。不过到了高师之后,塞尔慢慢地发现当老师并不是他的最爱,当数学家才是他向往的未来职业。在大学读书期间,塞尔即成为布尔巴基学派的一员。在这个由青年人组成的数学群体中,有许多人如亨利·嘉当、舍瓦莱(Claude Chevalley)、迪厄多内(Jean Dieudonné)、韦伊(André Wei)等,后来都成为著名数学家。从高师毕业后,塞尔在法国国家科学研究中心做研究工作,1951年获得博士学位。之后他在南锡大学工作。1956年起,塞尔被任命为法兰西学院(College de France)的代数与几何学教授,直到1994年退休,成为名誉教授。在其一生中,塞尔曾多次到访普林斯顿高等研究院。

塞尔的早期工作是在谱序列领域。1951年,他将法国数学家勒雷(Jean Leray)发明的谱序列用于纤维丛的同调群理论的研究中,进而发现一个空间的同调群和同伦群之间的基本联系,并证明了相关球面同伦群的重要结果。1954年,塞尔因其在谱序列方面的工作以及发展了基于层的复变理论而在第十二届国际数学家大会上荣获菲尔兹奖。2003年6月,他又被授予一项数学大奖阿贝尔奖,其颁奖词是"因其在许多数学主题——尤其是拓扑学、代数几何和数论领域的现代形式中发挥了重要作用"。

莫尔斯

莫尔斯(Marston Morse,1892—1977),美国著名数学家。他以创立莫尔斯理论而闻名于国际数坛。莫尔斯因其在数学上的重要贡献而获得一系列荣誉,其中包括荣获美国国家科学奖章,以及两次受邀在国际数学家大会上做学术报告(1932年和1950年)。

1892年3月24日,莫尔斯生于缅因州沃特维尔,他的父亲是一名农民兼房地产经纪人。1910年前后,莫尔斯进入科尔比学院读书,并于1914年获得学士学位。随后进入哈佛大学深造。1917年,莫尔斯在哈佛大学获博士学位,其导师是著名数学家伯克霍夫(George Birkhoff)。在第一次世界大战中莫尔斯曾在美国远征军中服役,战争之后在康奈尔大学、布朗大学、哈佛大学执教过。1935年,莫尔斯被聘为普林斯顿高等研究所的终身教授,直到1962年退休。他于1977年6月22日在普林斯顿离世。

正如上面提到的,莫尔斯最重要的数学贡献是创立了以他的名字命名的"莫尔斯理论",这一理论源于他在20世纪20年代撰写的一篇重要论文:*Relations between the critical points of a real function of n independent variables*。在这篇论文中,莫尔斯考察了非退化光滑函数的临界点的性态与紧流形的拓扑结构之间的联系,通过将拓扑和分析方法相结合，建立了非退化临界点理论。此后，他一心一意地坚持这个主题的研究。莫尔斯理论或许是美国数学的最大贡献之一。现如今，莫尔斯理论已成为微分拓扑学这一新兴学科的重要组成部分，并应用于微分几何、偏微分方程等各个数学领域而取得许多重要的成果。

当然，创建莫尔斯理论并不是莫尔斯唯一的贡献，他的研究还涉及动力学、极小曲面和单复变函数理论等。他的一生勤勉，写有100多篇论文和8本书。《美国传记词典》上这样写道：

  莫尔斯一生都保持着缅因州的节俭和勤勉。他工作时间很长，有许多合作者（通常是研究生级别的合作者），他向他们传达了他对数学的无限热情。

列夫·庞特里亚金（Lev Semionovich Pontryagin，1908—1988），20世纪最具传奇色彩的数学家之一。他是一位在黑暗中探寻数学星光的盲人数学家，却在拓扑学和最优控制理论等领域做出了极为卓越的贡献。他创立的庞特里亚金示性类是一类研究微分流形的重要不变量。庞特里亚金曾于1970年被选为国际数学联盟副主席。

列夫·庞特里亚金

列夫·庞特里亚金于1908年9月3日出生在莫斯科的一个低级职员家庭。十月革命之后，他在一所乡镇学校读过书。13岁那年，因一次汽炉的意外爆炸他双目失明。感谢命运，庞特里亚金有一位伟大的母亲——在她的帮助下，庞特里亚金以顽强的意志完成了中学的教育，并于1925年进入莫斯科大学攻读数学。他的老师很快知道他是一个了不起的学生。想想看，数学的世界里充满了形形色色的复杂而神秘的符号，一个不能做笔记的盲人学生要掌握数学是多么不容易啊。在他大学期间所修的高级课程中，庞特里亚金特别喜欢亚历山德罗夫（Pavel Aleksandrov）的课程，这对他后来的数学研究方向的形成产生了强烈影响。1929年大学毕业后，庞特里亚金在亚历山德罗夫主持的讨论班上又读了两年。其间他在拓扑学领域做出一些重要成果，给亚历山德罗夫留下极为深刻的印象。当时的苏联还没有学位制度。到了1934年，庞特里亚金成为苏联首批博士之一。同年他被任命为莫斯科大学数学教授。也是在1934年，苏联科学院从列宁格勒迁至莫斯科，应所长维诺格拉多夫（Ivan Matveevich Vinogradov）的邀请，庞特里亚金于1935年到莫斯科的斯捷克洛夫数学研究所工作，同时兼任莫斯科大学教授。

庞特里亚金可谓是数学界的一大奇迹。尽管他是一位盲人，可是庞特里亚金凭借其在数学上的天赋和惊人的记忆力在数学的多个领域做出了杰出贡献。他在数学上的最大贡献是拓扑学和最优控制理论。在拓扑学上,他推广了亚历山大的拓扑对偶定理,建立起所谓的庞特里亚金对偶定理——它被认为是 20 世纪拓扑学最重要的成就之一。他还发明了标架流形法,创立了光滑流形的特征类——庞特里亚金示性类,成为刻画流形的微分结构和复结构的不变量,由此开辟了用同伦论方法研究微分拓扑的新天地。

拉乌尔·博特

拉乌尔·博特(Raoul Bott,1923—2005),匈牙利著名数学家。他在几何学和拓扑学领域做出了许多开创性的贡献。博特参与了阿蒂亚-辛格指标定理的奠基性工作。他在 2000 年荣获沃尔夫数学奖。

博特于 1923 年 12 月 24 日出生在匈牙利布达佩斯。在 15 岁的时候,由于战乱博特被送到英国的一所寄宿学校。他在英国待了一年后,移民加拿大。1941 年秋天,博特进入蒙特利尔的麦吉尔大学主修电气工程专业。在其攻读硕士期间,受一位数学教授的影响,对数学产生了浓厚的兴趣。1949 年,他在美国卡耐基·梅隆大学获得数学博士学位,并留在该校从事研究工作。1949 年,博特应邀到普林斯顿高等研究所学习。他在那里待了两年,其间受到了外尔(Hermann Weyl)、斯特恩罗德(Norman Steenrod)、莫尔斯等人的极大影响,因此对拓扑学产生兴趣。1951 年到 1959 年间,博特在美国密歇根大学任教,其间斯梅尔成为他的第一个博士研究生。1959 年,博特被任命为哈佛大学的教授,他一直待在那里,直到 1999 年退休。

在博特的一系列出色的数学工作中,包括著名的博特周期性定理,莫尔斯-博特函数以及博特-陈形式等。他于 1964 年获得美国数学会颁发的维布伦奖,并在 1990 年获得斯蒂尔终身成就奖。2000 年,博特和塞尔一同获得沃尔夫数学奖,赋予博特的颁奖词是:

"……因其在拓扑学和微分几何学上及其在李群、微分算子和数学物理中的应用做出了许多基本而重要的贡献。"

此外,特别值得一提的是,博特的演讲以易懂而著称。他还指导了 30 名博士研究生,其中有两名获得菲尔兹奖,他们是斯梅尔和奎伦(Daniel Quillen)。这在数学的历史上或许是空前绝后的。

在话剧的第四幕第二场中，三位人物 M、L、O 的互动，为我们讲述了数学家米尔诺的数学故事传奇。

约翰·米尔诺(John Milnor, 1931—)，美国数学家。他在微分拓扑、K-理论和动力系统等数学领域做出了极为出色的贡献。1962 年，米尔诺因在微分拓扑领域的出色工作获得菲尔兹奖。1989 年，他获得国际数学界的另一项大奖沃尔夫奖。2011 年，因其在拓扑、几何和代数的开拓性发现，米尔诺又获得一项大奖阿贝尔奖。他是同时得过这三个数学大奖的极少数数学家之一。

约翰·米尔诺

1931 年 2 月 20 日，米尔诺出生于美国新泽西州奥兰治。他和普林斯顿非常的有渊源，其大学、研究生都就读于著名的普林斯顿大学。米尔诺对数学的兴趣产生于他在普林斯顿的第一年，他后来这样回忆道：

在普林斯顿大学读大一的那年，我第一次对数学产生了特别的兴趣。我不善于社交，朋友也不多。可是在普林斯顿，我发现自己在数学公共休息室的氛围中感到非常亲切自在。人们在那里自由谈论数学，玩游戏，可以随时过来放松。那里的讲座也很有趣……

米尔诺曾于本科期间参加过 1949 年和 1950 年的普特南数学竞赛，并获得优异的成绩。不过作为一名本科生，让人印象最为深刻的是，1950 年他在著名的《数学年鉴》杂志(Annals of Mathematics)上发表了一篇论文。这篇题为《关于纽结的全曲率》的论文于 1948 年被接收的时候，米尔诺只有 17 岁。这是一个数学的奇迹。关于这篇论文的由来有一个有趣的传说。话说有一学期米尔诺参加了塔克(Albert Tucker)教授的微分几何课程，有一次上课迟到，教室里空无一人，只见黑板上留下有一个问题，他误以为这是一项家庭作业。经过几天的思考后，米尔诺解决了这个古老的数学难题。当然，他是在拉尔夫·福克斯(Ralph Fox)教授的帮助下完成了这篇论文的写作。后者也是他后来的博士生导师。米尔诺于 1951 年在普林斯顿大学获得学士学位。3 年后，他又在福克斯的指导下获得博士学位。之后米尔诺留在普林斯顿大学工作，一直到 1967 年。在其他院校工作几年后，他于 1970 年加入普林斯顿高等研究院。1989 年，米尔诺被任命为纽约州立大学石溪分校数学科学研究所所长。

除了在诸多数学研究上的卓越工作，米尔诺还是一名出色的作者。他的许多书，如《莫尔斯理论》《从微分观点看拓扑》等，都非常经典，这些书通俗易懂，简洁严谨。他在普林斯顿期间的读书与研究生涯勾画出这一数学话剧的一个传奇。

在这一场话剧的旁白里,还谈及两位青年数学家——迈克尔·弗里德曼和西蒙·唐纳森,他们都曾获得过菲尔兹奖。

迈克尔·弗里德曼

迈克尔·弗里德曼(Michael Freedman,1951—),美国数学家。他因在庞加莱猜想领域的重要工作于1986年获得菲尔兹奖。

迈克尔·弗里德曼于1951年4月21日出生在美国加利福尼亚州洛杉矶市。他的父亲是一位才华横溢的数学家、音乐家和作家。在他的成长过程中,迈克尔·弗里德曼表现出了不寻常的数学天赋。然而,他也喜欢绘画艺术。1968年,当弗里德曼进入加州大学伯克利分校读书时,他还在为数学和艺术之间的专业选择几经徘徊。不过,他最后还是选择了数学。在伯克利待了一年后,他成功申请到普林斯顿大学攻读研究生。1973年,弗里德曼在普林斯顿大学获得博士学位。之后被聘为加州大学伯克利分校的讲师,直到1975年成为普林斯顿高等研究所的成员。1976年,他被聘为加州大学圣地亚哥分校数学系的助理教授,3年后晋升为副教授,1982年被任命为教授。他一直在那里工作,直到1998年离开学术界。

弗里德曼在数学上的研究主要在几何拓扑领域。他于1986年在第20届国际数学家大会上获得菲尔兹奖。米尔诺代表国际数学联盟给予的颁奖词是:

"迈克尔·弗里德曼不仅证明了四维拓扑流形的庞加莱猜想,从而刻画了四维球面……他于1982年对四维庞加莱猜想的证明是一次非比寻常的数学力量之旅。他的方法是如此的强有力,以至于可以给出所有紧致的单连通的四维拓扑流形的完整分类……"

除了菲尔兹奖,弗里德曼还于1986年获得美国数学会颁发的维布伦奖。

西蒙·唐纳森(Simon Donaldson,1957—),英国数学家。他因在四维流形上的研究工作于1986年获得菲尔兹奖。

唐纳森于1957年8月20日出生在英国剑桥。在肯特郡的七橡树中学(Sevenoaks school)完成中学教育后,他进入剑桥大学的彭布罗克学院学习,并于1979年获得学士学位。1980年,唐纳森开始在牛津大学伍斯特学院攻读研究生,希钦(Nigel Hitchen)和阿蒂亚(Michael Atiyah)先后担任他的博士论文导师。唐纳森于1983年获得博士学位后，被任命为牛津大学万灵学院的初级研究员。1983—1984年，他在普林斯顿高等研究院做访问研究，回到牛津后，1985年被任命为沃利斯数学教授。直到1999年转到伦敦帝国理工学院。

1982年，当唐纳森还是一名研究生的时候，他就开启通往几何与拓扑领域的数学研究之旅，并创造了一个全新的、令人兴奋的研究领域。1986年，唐纳森因在四维流形上的研究工作在第20届国际数学家大会上获得菲尔兹奖。阿蒂亚给予的颁奖词是：

西蒙·唐纳森

……当唐纳森在四维流形上获得最初的一些结果时，他的这些想法对几何学家和拓扑学家来说，是如此新奇和陌生，以至于他们感到非常困惑。不过慢慢地，随着它们被人们所理解，现在唐纳森的新思想开始被其他数学家以各种方式加以使用……唐纳森开辟了一个全新的领域——在这里，关于四维几何的一些意想不到的神奇现象已经被发现。此外，所用的这些新方法非常微妙，涉及高深的非线性偏微分方程。而在另一方面，这一理论处于数学的主流，与过去有着密切的联系，融合了理论物理学的思想，并与代数几何完美地结合在一起。

唐纳森因其工作获得了许多荣誉。如在1986年他被选为皇家学会会员，2006年获得费萨尔国王科学奖，于2012年被封为爵士。

在话剧的第五幕第一场中，讲述的是传奇数学家赫里斯托斯·帕帕基里亚科普洛斯为了证明庞加莱猜想而奋楫数海的故事。

帕帕基里亚科普洛斯

赫里斯托斯·帕帕基里亚科普洛斯（Christos Papakyriakopoulos，1914—1976），是一位富有传奇色彩的希腊数学家。由于他的名字太长太难念，大家都亲切地称呼他"帕帕"（Papa）。终其一生，他都为证明庞加莱猜想而努力，并在这一领域做出了重要的贡献。

帕帕基里亚科普洛斯于1914年6月29日出生在希腊雅典北部的哈兰德里市。早年他曾在雅典理工学院担任尼古劳斯·克里蒂科斯（Nikolaos Kritikos）教授的助手，后被雅典大学录取为研究生，并于1943年获得博士学位。其导师正是克里蒂科斯。1948年，帕帕心怀证明庞加莱猜想的抱负，离开陷入战乱的祖国希腊，在福克斯(Ralph Fox)的邀请下远涉重洋来到了美国普林斯顿。之前他自学过很多数学,特别是代数拓扑学。20世纪50年代中期,他证明了三个非常重要的定理——德恩引理、闭路定理以及球面定理,这些都是三维拓扑的基础性工作,也是证明庞加莱猜想的基石。他因此于1964年获得维布伦几何奖。

帕帕是一位非常独特的数学家,他把所有时间都贡献给了数学——终其一生,他都在为证明庞加莱猜想而努力。相传他的作息时间异常有规律:会在每天早上8点钟出现在餐厅吃早餐,8点半准时开始研究工作。11点半吃午餐,12点半后返回继续工作。然后15点进入公共休息室喝下午茶,16点又返回办公室工作。在那时的数学界,帕帕被认为是"距离证明庞加莱猜想最近的那个人"。回望庞加莱猜想的百年征程,帕帕基里亚科普洛斯关于德恩引理的证明,具有非常重要的意义。他的那篇包含这一定理证明的论文,更是因其出色的证明方法而备受赞誉。数学家约翰·米尔诺曾经为此写下一首著名的打油诗:

奸诈的德恩引理

残害了多少拓扑学家

直到赫里斯托斯·帕帕

基里亚科

普洛斯毫不费力地证明了它。

在话剧的第五幕第二场中,出现了多位人物,其中有三位是数学家——瑟斯顿、庞加莱和里奇。

威廉·瑟斯顿

威廉·瑟斯顿(William P. Thurston,1946—2012),美国数学家。1983年,瑟斯顿因其在三维流形方面的杰出工作被授予菲尔兹奖。同年获奖的还有法国数学家阿兰·孔涅(Alain Connes)和华人数学家丘成桐。

瑟斯顿于1946年10月30日出生在美国华盛顿特区。他曾在新佛罗里达学院学习。在1967年获得理学学士学位后,瑟斯顿进入加州大学伯克利分校深造。1972年,他在莫里斯·赫希(Morris Hirsch)和斯梅尔的指导下完成题为《具有圆丛的三维流形的叶状结构》(*Foliations of 3-manifolds which are circle bundles*)的博士论文。在获得博士学位后,瑟斯顿于1972—1973年在普林斯顿高等研究院做访问研究。1973年,他被聘为麻省理工学院的数学助理教授。1974年,瑟斯顿被任命为普林斯顿大学的数学教授,他在那里工作到 1991 年。1992 年,瑟斯顿成为伯克利数学科学研究所所长。之后他先后在加州大学戴维斯分校(1996—2003 年)和康奈尔大学(2003—2012 年)工作过。

瑟斯顿在低维拓扑领域的工作极为出色。他研究讨论了三维流形上的叶状结构,基本完成了三维闭流形的拓扑分类,因此于 1983 年获得菲尔兹奖。评委会给他的颁奖词如是道:

"瑟斯顿具有非凡的几何洞察力和远见——他的思想彻底改变了二维和三维拓扑的研究,并为分析、拓扑和几何之间带来新的、富有成效的相互作用。"

除出色的研究工作外,瑟斯顿亦非常关注数学教育。他认为好奇心与人类直觉紧密相连。"数学是真正的人类思维,它涉及人类如何能有效地思考,这就是为什么好奇心是一个好向导的道理。"这位出色的数学家曾如是说。

20 世纪 70 年代,瑟斯顿提出著名的几何化猜想,将庞加莱猜想作为一个特例收藏其中。瑟斯顿的伟大之处在于他深刻认识到如何用几何学的方法来认识三维流形的拓扑学,由此开启后来的数学家进一步漫步庞加莱猜想证明之旅的传奇。

里奇(Gregorio Ricci-Curbastro,1853—1925),意大利数学家。他因创立张量分析的系统理论而闻名国际数学的舞台。里奇于 1853 年 1 月 12 日出生在意大利的卢戈市。他的父亲是一名工程师。在进入大学之前,里奇的所有教育都是通过聘请家教在家里完成的。1869 年,里奇进入罗马大学攻读数学和哲学,那时他只有 16 岁。在罗马待了一年后,因为战乱他回到了家乡,两年后,里奇进入博洛尼亚大学再续学业。1873 年前后,他又辗转到了比萨,在贝蒂的指导下进行数学学习和研究,并于 1875 年获得博士学位,其学位论文题为《论福克斯关于线性微分方程的研究》(On Fuchs's research concerning linear differential equations)。1877 年,里奇赢得一项奖学金,使得他有机会于 1877—1878 年出国留学。他选择了慕尼黑工业大学。在那里,里奇参加了克莱因的数学讲座。尽管克莱因的教学并没有给予里奇决定性的影响,可是黎曼、克里斯托弗尔(Elwin Christoffel)和利普希茨(Rudolf Lipschitz)的思想启发了他未来的研究。里奇于 1879 年回到比萨,成为迪尼(Ulisse Dini)的助手。1880 年,他被任命为帕多瓦大学的数学物理教授,他在那里度过了生命中余下的时光。

里奇

里奇的早期工作是在数学物理领域，尤其是在电路定律和微分方程上。他在一定程度上改变了由高斯开创的、进而由黎曼发展的微分几何这一研究领域，并在1884年至1894年间创立了绝对微分学。他于1888年在为博洛尼亚大学800周年纪念活动撰写的一篇论文中首次系统地介绍了这些重要思想。1900年后，里奇的许多作品都是与他的学生列维-奇维塔（Tullio Levi-Civita）共同完成的。在一篇题为《绝对微分学方法及其应用》（Absolute differential calculus methods and their applications）的论文（这篇论文是克莱因五年前的约稿）中，里奇用了"Ricci"来代替他的全名。在这篇长达77页的重要论文中，作者们陈述了绝对微分学的算法，并给出了其在微分二次型上的分类、其他的分析与几何领域，以及力学上的应用。里奇的绝对微分学后来成为张量分析的基础——爱因斯坦在他的广义相对论中使用到了它。以里奇的名字命名的里奇张量出现在爱因斯坦的引力方程中，通常被称为爱因斯坦张量。

在这一场话剧中，除了呈现庞加莱和瑟斯顿的研究工作，还谈及理查德·哈密尔顿在里奇流方程领域上的重要贡献，以及天才的俄罗斯数学家格里戈里·佩雷尔曼百尺竿头更进一步、完证庞加莱猜想的故事传奇。

理查德·哈密尔顿

理查德·哈密尔顿（Richard S Hamilton，1943—2024），美国数学家。在20世纪80年代，哈密尔顿在黎曼几何的研究中引入了一种有力的工具——里奇流（Ricci flow）。他用这套工具证明了关于具有正曲率的三维与四维空间中一些令人惊讶的结果。在过去三十几年中，他极具原创性地发展出一整套强有力的工具来研究里奇流。现如今，哈密尔顿创立的里奇流方程及其理论成为几何分析领域中最重要的方法之一，并成为解决庞加莱猜想的有效工具。在国际数学界，他被誉为"里奇流之父"。

哈密尔顿于1943年出生在美国俄亥俄州。他于1963年毕业于美国耶鲁大学，1966年在普林斯顿大学获得博士学位。哈密尔顿曾在加州大学欧文分校、加州大学圣地亚哥分校及康奈尔大学任教，现任哥伦比亚大学戴维斯分校数学教授，美国国家科学院、美国艺术与科学学院院士。哈密尔顿曾于1996年获得维布伦几何奖，2003年获得克雷研究奖，2009年获得美国数学会颁发的斯蒂尔杰出研究奖。2011年，他与德梅特里奥斯·克里斯托多罗（Demetrios Christodoulou）共同获得了当年的邵逸夫数学奖。

格里戈里·佩雷尔曼（Grigory Perelman，1966—   ）是一位天才，也是一位数学隐士。他用了 7 年多的漫长岁月,证明了著名的庞加莱猜想,因此轰动数坛。1982 年,16 岁的佩雷尔曼一战成名,获得国际数学奥林匹克竞赛的金奖,并获得最高分——42 分!2006 年之后,这位被誉为数学隐士的奇才终于完全消失在人们的视线中了。关于他现在在哪里,则众说纷纭。

格里戈里·佩雷尔曼

1966 年 6 月 13 日,佩雷尔曼出生在苏联的列宁格勒(如今的俄罗斯圣彼得堡)。他的父亲雅科夫·佩雷尔曼(Yakov Perelman)是一名电气工程师,而他的母亲芦波芙·利沃芙娜(Lubov Lvovna)则是一名技术学院的数学教师。他们是犹太人。在家里,格里戈里·佩雷尔曼经常被称为"格里沙"。在格里沙很小的时候,他母亲专门请了一位家庭教师来教他拉小提琴。他的父亲雅科夫则在培养格里沙解决问题能力方面发挥了重要作用。佩雷尔曼后来回忆说:

他通过许多逻辑题和其他数学题来激发我的思考。他有很多书让我读。他教我如何下棋。他为我感到骄傲……

10 岁那年,佩雷尔曼参加了所在地区的数学比赛,并表现出极高的天赋。随后他被推荐进入了"列宁格勒先锋宫数学俱乐部"。在那里,有不少和他一样很有天赋的少年在接受训练。他们的教练是一位名叫塞奇·卢克欣(Sergei Rukshin)的年轻人,那时他只有 19 岁,是列宁格勒大学的本科生。不过,这位年轻的大学生却是一名优秀的教师——他总有一些新颖的方法来激发俱乐部里这些孩子的数学想象力与创造力。

卢克欣很快就发现佩雷尔曼在数学上的巨大潜力,因此他尽其所能来帮助这位天才的学生成为一位未来数学家。除了数学,他还特意利用假期辅导佩雷尔曼学习英语。1980 年 9 月,佩雷尔曼进入列宁格勒的专业数学物理学校——"第 239 学校"。这所专业数学物理学校的创始人正是富有传奇色彩的数学家安德雷·柯尔莫哥洛夫。而这所精英教育机构的使命是尽可能多地向有能力的孩子传授真正的数学,培养有天赋的未来数学家。

佩雷尔曼在第 239 学校上学所在的这个班级有点不寻常,因为班上的同学都是来自原先数学俱乐部的才华横溢的少年。瓦列里·雷日克(Valery Ryzhik)成为了他们的班主任和数学老师。尽管雷日克是一位才华横溢的老师,但教授这些数学天才对他来说却也是一个巨大的挑战。除了数学教学,雷日克还经营一家国际象棋俱乐部,佩雷尔曼也参加了其中的活动,并且表现出极高的天赋。

1982年年初,佩雷尔曼在意料中通过了选拔考试,入选苏联数学奥林匹克代表队。同年7月,他参加了在匈牙利首都布达佩斯举行的国际数学奥林匹克竞赛,并获得了满分——42分。因此在获得金牌的同时,佩雷尔曼也获得了一份特别奖励证书。1982年秋,佩雷尔曼幸运地被保送进入列宁格勒大学攻读数学。

在20世纪80年代的列宁格勒大学,几何学似乎是一个不合时宜的学科,它没有计算机科学的炫彩,亦没有数论的浪漫。可是佩雷尔曼偏偏选择几何学为自己研究的方向。个中原因,或在于其间他遇见了两位富有传奇色彩的老师—— 维克托·扎尔加勒(Viktor Zalgaller)和亚历山大·丹尼洛维奇·亚历山德罗夫(Aleksandr Danilovic Aleksandrov),他们都是几何学家,并对佩雷尔曼产生了特别的影响。读本科期间,佩雷尔曼在数学上的表现无疑是非常出色的,他于1987年毕业时已经发表多篇论文。

1987年秋,佩雷尔曼成为斯捷克洛数学研究所列宁格勒分部的一名研究生。他的导师之一,正是亚历山大·丹尼洛维奇·亚历山德罗夫。不过实际上指导佩雷尔曼研究工作的是另外一名学者——尤里·布拉戈,他也曾是扎尔加勒的学生。1990年,佩雷尔曼完成了题为《欧几里得空间中的鞍面》的博士论文,并通过了答辩。在布拉戈的帮助下,佩雷尔曼于1991年应邀到巴黎高等科学研究院(IHES)访问数月,在那里,他与布拉戈、格罗莫夫合作完成了重要论文《具有曲率下界的 Alekandrov 空间》(*Aleksandrov spaces with curvatures bounded below*)。在这篇论文里,他们极大地发展了用于研究具有曲率下界的亚历山德罗夫空间的有用工具。

1992—1995年间,佩雷尔曼先后在纽约大学柯朗研究所、纽约州立大学石溪分校、加州大学伯克利分校做访问研究。在此期间,他在齐格(Jeff Cheeger)和格罗莫尔(Detlef Gromoll)工作的基础上,证明了著名的"灵魂猜想"——这一猜想具有20多年的历史,并于1994年应邀在瑞士举行的第22届国际数学家大会做报告。

在美国做访问研究的期间里,佩雷尔曼在普林斯顿高等研究所听过哈密尔顿试图用里奇流来解决庞加莱猜想的讲座。这些讲座给他留下了非常深刻的印象。后来他在伯克利又参加了哈密尔顿关于同一主题的进一步的数学讲座,佩雷尔曼慢慢地开始理解为什么哈密尔顿无法实现用里奇流方程来解决庞加莱猜想。由此他踏上了找寻庞加莱猜想证明的孤独之旅——当初佩雷尔曼或许没有想到这会是一个长达7年的征程……

关于佩雷尔曼的更多和更详尽的数学与人物故事,可参阅玛莎·葛森所著《完美的证明——一位天才和世纪数学的突破》(*Perfect Rigor*)一书。

话剧《佩雷尔曼的天空》第三幕第二场,谈及一位著名的数学家,安德雷·柯尔莫哥洛夫。他不单在数学科学的诸多领域做出了卓越的贡献,还非常关心数学英才教育。

安德雷·柯尔莫哥洛夫（Andrei Kolmogorov，1903—1987），俄国数学家。作为 20 世纪最有影响力的数学家之一，他在调和分析、现代概率论、拓扑学、数理统计及其应用、泛函分析、动力系统与经典力学等领域做出了重大贡献。柯尔莫哥洛夫是现代概率论的开创者之一。他开创了基于哈密顿动力学的动力系统理论。在此基础上，阿诺尔德（Vladimir I. Arnold）和莫泽（Jürgen Moser）完成了以他们三人姓氏命名的著名的 KAM 理论。

安德雷·柯尔莫哥洛夫

柯尔莫哥洛夫于 1903 年 4 月 25 日出生在俄国小镇坦波夫。由于母亲在分娩时即不幸去世，他由其姨母维拉·雅科夫列娜（Vera Yakovlena）抚养长大，而他对维拉一直有着最深的关爱。她一直活到 1950 年，因此有幸目睹柯尔莫哥洛夫成为伟大的数学家。最初柯尔莫哥洛夫在家接受教育，他自小对身边的自然界和天上的星空充满好奇，童年时代即领略到数学"发现"的乐趣。1910 年，柯尔莫哥洛夫进入莫斯科一所私立文理中学读书。后来他用"精彩"一词形容这所学校，并回忆说："我是班上数学最好的学生之一，不过对我来说，在学校里最喜爱的课程是生物……"

1920 年，柯尔莫哥洛夫成为莫斯科大学数学系的学生，同时辅修冶金课程。此外，他还参加了一个俄国史的研讨班——在那里，他写了一篇关于 15—16 世纪诺夫哥罗德的土地所有权的论文，老师对此的评注是："在你的论文里，你只提供了一条证据。这在你所研究的数学领域中也许就足够了，但是作为历史学家，我们希望得至少有十条证据。"此后他专心致力于数学，因为数学问题只需要一个证明就足够了。

在大学里，柯尔莫哥洛夫经常参加各种高级数学课程和研讨班，因而有机会与许多杰出的数学家，如亚历山德罗夫（Pavel Aleksandrov）、鲁金（Nikolai Nikolaevich Luzin）、苏斯林（Mikhail Suslin）、乌雷松（Pavel Urysohn）等人交流和探讨。1922 年，他取得一项突出的研究成果，构造了几乎处处发散的傅里叶级数，它立刻让这位年仅 19 岁的大学生扬名世界，进而他开始了长达 60 多年的数学创造之旅。1925 年，柯尔莫哥洛夫成为鲁金的一名研究生，四年之后，他已发表了近 20 篇论文，其中包括关于强大数定律和叠对数定律的表述，一些微分和积分运算的推广，以及直觉主义逻辑方面的贡献。1929 年 6 月，柯尔莫哥洛夫成为莫斯科大学数学力学研究所的助理研究员。两年后，他被任命为莫斯科大学的教授，又两年后，任该校数学力学研究所所长。1934 年，苏联首次建立博士学位制度，次年柯尔莫哥洛夫被授予数学物理学博士学位。彼时正处于莫斯科数学的黄金时代,他对此贡献良多。由于他在数学科学领域的卓越贡献,柯尔莫哥洛夫获得了一系列荣誉,如1980年获得沃尔夫数学奖,1986年获得罗巴切夫斯基奖等,他还是荷兰皇家科学院、美国国家科学院、法国科学院、罗马尼亚科学院等多个国家科学院的院士。

柯尔莫哥洛夫不仅是一名杰出的数学家,也是一位优秀的教育家。他一生写有近500篇学术论文,给科普报刊撰写了57篇文章。他指导过80多名博士。此外,柯尔莫哥洛夫还创立了一所致力于英才培养的专业数学物理学校——列宁格勒"第239学校"。

话剧《佩雷尔曼的天空》第三幕第三场,谈及一位富有传奇色彩的数学家,亚历山大·丹尼洛维奇·亚历山德罗夫。

亚历山大·丹尼洛维奇·亚历山德罗夫

亚历山大·丹尼洛维奇·亚历山德罗夫(Alexander Danilovich Alexandrov,1912—1999),俄国数学家和物理学家。他在几何学、光学以及量子力学领域做出了重要贡献。亚历山德罗夫曾于1951年荣获罗巴切夫斯基奖。

亚历山德罗夫于1912年8月4日出生在俄国梁赞州的沃林小镇。他的父亲是圣彼得堡一所中学的校长。亚历山德罗夫在圣彼得堡长大——当然,这并不完全正确,因为在他两岁的时候,圣彼得堡改名为彼得格勒,所以亚历山德罗夫在彼得格勒上学。不过在上学期间,他所居住的城市的名称再次发生变化。1924年,为纪念列宁,彼得格勒更名为列宁格勒(1991年又恢复原名圣彼得堡)。

中学毕业时,亚历山德罗夫并没有打算以数学为职业,而是对物理学感兴趣。1929年,他进入列宁格勒大学攻读物理学。在此期间,亚历山德罗夫被德隆(Boris Nikolaevich Delone)讲授的数学课程吸引,因此在学习物理学的同时也跟随德隆研究数学。1933年,他在列宁格勒大学获得了理论物理学位,并开始在数学和力学学院任教。1937年,亚历山德罗夫完成了他的博士论文,在这篇论文中,他研究了可加集函数和弱收敛的几何理论。同年被任命为列宁格勒大学的几何教授。此外,他还在苏联科学院斯捷克洛夫数学研究所任职。1964年,亚历山德罗夫离开列宁格勒,搬到新西伯利亚,成为新西伯利亚大学几何学系的负责人。

除了出色的科学研究工作,亚历山德罗夫还对数学教育和普及怀有浓厚的兴趣。他经常讲授数学思想史,这个话题令他非常着迷。此外,他还写了许多百科全书式的文章和关于方法论的论文。

话剧《佩雷尔曼的天空》第四幕第一场,谈及一位享誉现代数学世界的几何学家,他名叫米哈伊尔·格罗莫夫。

米哈伊尔·格罗莫夫(Mikhael Gromov,1943—   ),俄国数学家。他在现代整体黎曼几何、辛几何、代数拓扑学、几何群论和偏微分方程等许多领域都做出了极为出色的贡献。他因此于2009年荣获阿贝尔奖。

1943年12月23日,格罗莫夫出生在俄国博克西托戈尔斯克,这是圣彼得堡以东约200公里的一个小镇。在格罗莫夫的小时候,他的母亲送给他一本名曰《数与形》的书,这极大地激发了他对数学的热情。不过在中学时,格罗莫夫最喜欢的是化学,最终他选择数学的原因是他在中学即将毕业时参加了一个数学爱好者的团体。后来,格罗莫夫就读于列宁格勒大学,并于1965年获得数学硕士学位。三年后,他在罗赫林(Vladimir Abramovich Rokhlin)的指导下获得博士学位。格罗莫夫于1967年被任命为列宁格勒大学助理教授。直到1974年,他移民美国,被任命为纽约州立大学石溪分校的数学教授。格罗莫夫在那里工作了7年,然后到了巴黎第六大学。1982年,他成为法国高等科学研究院的终身教授。

米哈伊尔·格罗莫夫

格罗莫夫无疑是21世纪最伟大的几何学家之一。经由他创造的诸多概念丰富而有力,格罗莫夫不仅为著名和古老的问题提供了解决方案,而且为许多学者开辟了新的研究领域。在通过其众多学生的引领,以及他的重要发现引起的广泛反响,米哈伊尔·格罗莫夫已经并将继续对当代数学产生巨大的影响。此外,他因其出色的贡献获得了一系列重要的数学奖,其中包括维布伦几何奖(1981年)、沃尔夫数学奖(1993年)以及斯蒂尔奖(1997年)等。

III. 话剧中的一些数学故事画片

在这两部数学话剧中出现了不少数学味有点浓的故事画片,诸如《让我们从〈几何原本〉谈起》中的第二幕第一场至第三场、第三幕第一场、第四幕第一场和第二场、第五幕第二场以及《佩雷尔曼的天空》中的第六幕第一场等。下面对其中的数学故事做进一步的简要陈述。

3.1 新几何 新世界

在《几何原本》里,欧几里得以 5 条公设、5 条公理和一些概念为起点,通过逻辑演绎的方法,证明和推演出众多命题,将人类的理性之美展现到了极致。不管是公设、公理还是命题,书中的这些数学真理富有吸引力,立刻被学者们广泛地接受。许多世纪以来,人们将欧几里得的几何演绎体系当作不可侵犯的科学圣物,在众多学者看来,欧氏几何是真理,真理就是欧氏几何。尽管有这样让人羡慕的赞赏与评价,可是自其诞生之日起,《几何原本》中的一些内容——最主要的是第五公设的论述——让不少学者困惑不已,其中或许也包括欧几里得本人。

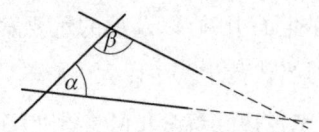

欧几里得第五公设 在同一平面内有一条直线和另外两条直线相交,若在直线同侧的两个内角之和小于两直角,则这两条直线经无限延长后在这一侧相交。

《几何原本》中的前 4 条公设不证自明,简洁而优美。相比而言,欧几里得第五公设的语言表述繁琐冗长,缺少公设或者公理应有的那种不证自明的味道,总让人觉得有某些不尽如人意的遗憾。特别是在第五公设的叙述中还有直线可以无限延长的含义,这一点亦让人感到忐忑不安。

此外,有些数学家还注意到,在《几何原本》长达 13 卷的鸿篇巨制中,直到命题 29 才用到了第五公设,且此后再也没有直接使用。因此长期以来,欧几里得第五公设成为众多数学家和哲学家怀疑的对象。比如古希腊数学家普罗克洛斯（Proclus，公元5世纪）曾如是说:"这个公理完全应从全部公理中剔除出去，因为它是一个包含许多困难的定理。"

或许是出于对柏拉图哲学的领悟，或是出于对欧氏几何体系的爱护，人们一直都希望能对欧几里得第五公设进行证明将其从公设中去掉而使其成为一个定理。于是从公元前300年到公元1800年的这两千多年时间里，众多学者为"推证"第五公设进行了不懈的努力，哲学家、神学家希望能由此进一步完善欧氏几何的理想化地位，而数学家则希望能使几何的逻辑演绎体系更加完美。然而，在两千年漫长的岁月步履中，尽管这些学者使用了不同的方法，却都没能获得成功。直到最后迎来了一门新几何——非欧几何的诞生！

在历史上，第一个证明第五公设的重大尝试是古希腊数学家、天文学家托勒密（Claudius Ptolemaeus，约90—168）做出的，后来普罗克洛斯指出托勒密的"证明"无意中用到了一个需要证明的假定——其等价于第五公设。

相传普罗克洛斯亦曾提出一个关于第五公设的"证明"。他的这个"证明"，从推理过程看倒是流畅得很，没有什么自相矛盾的地方。不过人们再三审读之后，发现其所引用的论据中有一条断言超出允许范围。进一步的研究发现，这条新的假设"两平行直线间的距离是有限的"与欧几里得第五公设是等价的。

在各种与欧几里得第五公设相等价的断语中，有一条流传最广，这就是我们在中学时代即相识的平行公理：在平面上，过直线外一点有且只有一条直线与已知直线平行。

这条公理现以"普雷菲尔公理"著称，它由苏格兰数学家普雷菲尔（John Playfair，1748—1819）在1795年的一篇关于《几何原本》的著名评注而闻名于数学江湖，尽管早在公元5世纪数学家普罗克洛斯即曾描述过它。

英国数学家沃利斯（John Wallis，1616—1703）在试图证明欧几里得第五公设的过程中，也引进过一个与其等价的假设：对于任意三角形，存在一个与它相似的三角形，且相似比可以等于任意给定的值。

除了上面提到的这些命题，还有诸多与欧几里得第五公设等价的命题，比如：

1. 存在两个不全等但各角对应相等的三角形。
2. 若四边形有三个角是直角，则第四角也是直角。
3. 任一三角形的内角之和为两直角。

自欧几里得时代开始，在漫漫两千多年岁月的数学寻觅中，许多富有想象力和创造力的数学家得到了不少副产品。其中最接近几何学新世界的或许是意大利数学家、哲学家萨凯里(Giovanni Saccheri, 1667—1733),他很有耐心地用反证法来证明欧几里得第五公设,为此假设公设五不对,希望经由《几何原本》中的另外 4 个公设以及 5 个公理,再加上前 28 个命题推出矛盾来,可是沿着这条思路推证下去,尽管可以导出许多稀奇古怪的结论,却找不到自相矛盾的地方。

在此过程中,萨凯里考虑和关注这样的四边形:

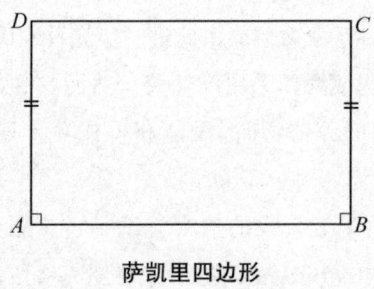

萨凯里四边形

如图,其中∠A 和∠B 都是直角,且 $AD=BC$。

经由逻辑推理之后,他得到如下的三种可能:

1. ∠C 和∠D 都是直角(直角假设);
2. ∠C 和∠D 都是钝角(钝角假设);
3. ∠C 和∠D 都是锐角(锐角假设)。

其中的直角假设与欧几里得第五公设等价。

萨凯里假设直角假设不成立,希望经由此可以推出矛盾。萨凯里很快否定了钝角假设,但是转向锐角假设时,问题却变得很是棘手,他推出了一些令人难以置信的结果。比如说,他证明了如果锐角假设成立,那么对于平面上的一条直线 a 和直线外一点 P,过点 P 的直线可分为两类:一类与直线 a 有公共点,另一类与直线 a 没有公共点。后一类直线中包含两类的分界直线 PS 和 PT,它们都是直线 a 的渐近线。

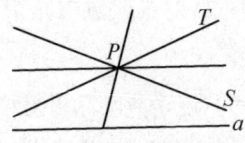

这一结论从逻辑上挑不出什么毛病,却与人们的生活经验格格不入。萨凯里还得到,若锐角假设成立,则三角形的面积将与其内角和不是二直角的部分成正比。由此后面的结果简直令人难以想象。尽管对于许多类似的结果都没有导出逻辑矛盾,可是萨凯里觉得所得到的这些结论与人们的经验不相容,由此断言锐角假设也不能成立!

他还于 1733 年出版了一部著作——《欧几里得无懈可击》。

有意思的是，萨凯里教授的这本书并非无懈可击。因为他已经在锐角假设之下得到了一系列有价值的定理，这些定理属于一种新的几何学——在添加锐角假设后展现的这一新几何，就是后来数学家们笔下的非欧几何。

萨凯里可谓是新几何学的第一位先行者。随后的先行者还有兰伯特（1728—1777）、施魏卡特（F. K. Schweikart，1780—1859）和陶里努斯（F. A. Taurinus，1794—1874）。

瑞士数学家兰伯特做的工作与萨凯里相似，他也考察了一类四边形，其中三个角为直角，而第四个角从逻辑上可有三种假定：直角、钝角和锐角。兰伯特注意到，直角假定等价于欧几里得第五公设；钝角假定虽然与《几何原本》中的其他公设和公理相矛盾，但从中导出的一些结论却与球面几何学的定理相一致；对于从锐角假定导出的结论，他猜想可应用于虚半径球面上的图形。在兰伯特看来，只要一种假定不会导致逻辑的矛盾，即可以提供一种可能的新几何。兰伯特的这一数学观点无疑是十分先进的，能够适用于真实图形的是一种特殊的几何，这并不妨碍去发展逻辑上可能的各种几何。施魏卡特区分了两类几何学——欧氏几何与假设三角形三内角之和不是两直角的几何，他将新几何称为星空几何，因为他觉得这种几何可能在星空内成立。陶里努斯证明了虚半径球面上成立的公式和星空几何中的相同。

令人遗憾的是，这些先行者都没有正式提出一种新几何并建立其系统的理论，他们离非欧几何的确立还有一步之遥。

一般认为，这种与欧几里得几何学相对立的新几何学——非欧几何——是由三个人独立地建立的，这三个人是高斯（1777—1855）、俄罗斯数学家罗巴切夫斯基（1792—1856）和匈牙利数学家亚诺什·鲍耶（1802—1860）。

高斯

罗巴切夫斯基

亚诺什·鲍耶

最早研究这种新几何学的是高斯。作为能与阿基米德和牛顿并驾齐驱的数学巨匠,高斯深信这种新几何在逻辑上是相容的(现在流行的术语"非欧几里得几何学"起源于高斯)。在他看来,欧几里得第五公设不能从《几何原本》的其他公设、公理导出,并且认为不能证明现实世界的几何一定是欧几里得的几何。

相关平行线公理的这一问题最先引起高斯注意时,他还只是一名少年。开始,他希望用一条更加简单的公理取代第五公设并为此辛勤工作,然而他失败了。随后,他沿着萨凯里的思路,选择一条与欧几里得几何相矛盾的平行线公理,本质上是萨凯里的锐角假设,从这条公理和欧几里得的其他9条公理出发,高斯推出了一系列有趣的结论。不过,高斯没有被这些奇怪的定理吓住,而是迎难而上。于是他得出了一个全新的、令人惊奇的结论——确实能够存在类似于欧氏几何的其他几何。

高斯具有创立非欧几何的智慧和勇气,却没有精神毅力面对那些乌合之众。因为19世纪早期的科学家生活在伟大的哲学家康德的阴影之中,康德曾宣称,统治知识世界的只能是欧氏几何。或许正因为如此,高斯关于非欧几何的研究成果,人们在他去世后才在其论文中找到。

第一位公开发表论文并从整体上阐述这门新几何的人,则是富有天才的罗巴切夫斯基。他于1792年出生于一个贫穷的俄罗斯家庭。1807年进入喀山大学,1811年获得物理数学硕士学位,并留校工作。1815年,23岁的罗巴切夫斯基也被欧几里得第五公设吸引,开始研究相关的平行线公理问题。1826年2月11日,罗巴切夫斯基在喀山大学数学物理系的学术讨论会上做了题为《关于几何原理的扼要叙述及平行线定理的一个严格证明》的报告,宣读了他的关于新几何的论文,但这篇革命性的论文没有被理解而未获通过。3年后,他将这一卓越发现写进了题为《论几何学原理》的论文里,并在《喀山大学通报》上发表。尽管他的论文没有得到其他数学家的反响,但罗巴切夫斯基毫不气馁,仍然坚持研究新几何学,后来他又用法文发表了《虚几何学》(1837年),用德文写了《平行线理论的几何研究》(1840年)。最后一本用俄、法两种文字写的《泛几何学》,在他逝世前一年(1855年)发表。

为了致敬与感谢在孤独中奋斗终身的罗巴切夫斯基开创了这样一个新领域,人们将这门新几何称为罗巴切夫斯基几何(简称为罗氏几何)。1871年德国数学家F.克莱因将其改称为双曲几何,双曲几何一直沿用至今。在罗巴切夫斯基发现的这门新几何学中,欧几里得第五公设的表述被改变为如下的形式:在平面上给定一条直线和不在直线上的一点,经过这个点至少可以作两条直线与已知直线平行。罗氏几何还有一项非常不同于欧氏几何的内容,这就是三角形的内角之和总是小于180度。

非欧几何的第三位发现者是亚诺什·鲍耶。或多或少由于其数学家父亲沃尔夫冈·鲍耶(Wolfgang Farkas Bolyai)的鼓励和影响,亚诺什在青年时代开始关注平行线公理问题。出于年轻人特有的激情,他在1823年给其父亲的信中如此写道:"我发现了一些东西,它们太优美了,这让我惊讶不已,但同时又让我情不自禁地为它们着迷……我想我已经从一片虚无中创造了一个全新的世界。"

两年后,亚诺什完成了他的研究,并准备让他的父亲看看他关于这门新几何的理论著作草稿初案。尽管年轻的小鲍耶兴高采烈,可是他的父亲却不能确定这种理论的正确性。不过,沃尔夫冈·鲍耶还是决定把亚诺什的新几何学作为他本人的新著作的附录一道出版。书于1831年出版后,沃尔夫冈送给了他的朋友、大数学家高斯一本。1832年3月6日,高斯给沃尔夫冈·鲍耶回了信。不过他的评论与年轻的亚诺什所期望的并不完全一样。高斯一方面称赞小鲍耶"有极高的天才",但又说"称赞他等于称赞自己,因为他所采用的方法和获得的结果,跟我20年前的想法不谋而合"。虽然沃尔夫冈对高斯给予他的孩子的赞扬非常满意,可是亚诺什却因为自己的研究与高斯的思想几乎相同而备受打击,从此之后变得非常消沉,最后在孤独与苦闷中度过了他的后半生。

在高斯、罗巴切夫斯基和亚诺什·鲍耶之前,欧几里得几何学被看作唯一正确、不可动摇的空间描述。可是由于罗氏几何(或曰双曲几何)的发现,打破了欧氏几何一统空间的观念,促进了人类对几何学的进一步探索。

1854年6月10日,高斯的得意门生,才华横溢的德国数学家黎曼,在哥廷根大学做了一场闪耀着天才思想火花的演讲(这篇讲演稿多年后以《关于作为几何学基础的假设》为题出版),在那场演讲中,他对所有已知的几何,包括刚刚诞生的双曲几何做了纵贯古今的概要,并提出一种新的几何体系——这种几何学现以黎曼几何著称。在这篇演说中,黎曼将曲面本身看作一个独立的几何实体,而不是把它仅仅看成欧几里得空间中的一个几何实体。他因此首先发展了空间的概念,提出了几何学研究的对象应是一种"多重广延量",而空间中的点可用n个实数$(x_1, x_2, \cdots, x_n)$作为坐标来描述。这是现代n维微分流形的原始形式,为用抽象空间描述自然现象奠定了基础。

黎曼的研究导致一种既不同于欧氏几何也不同于罗氏几何的新几何学的诞生。在这种新的几何体系里,平行线是不存在的。"在一个平面上过已知直线外一点的所有直线,都与这一直线相交。"若用上述命题作为公理来代替欧几里得第五公设,将可以推出"三角形内角之和大于180度"的奇特结论。

无论是罗氏几何还是黎曼几何的诞生,都不是一帆风顺的。这些数学先行者的天才思想,似乎远远超越那个时代,以至于"知音少,弦断何人听"。

1868年,意大利数学家贝尔特拉米利用当时微分几何的最新研究成果,找到了一种所谓的"伪球面",并在其上实现了罗氏几何的平行公理假设后,罗氏几何才从"想象的几何"成为和欧氏几何一样现实的几何。直到这时,长期无人问津的非欧几何才渐渐获得学术界的普遍关注和一致赞美。

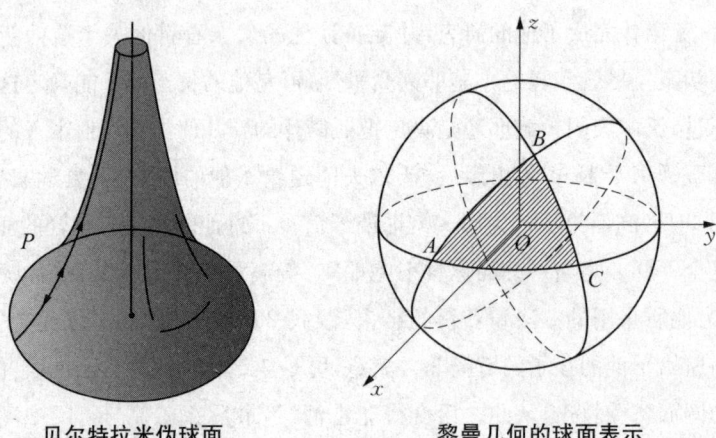

贝尔特拉米伪球面　　　　　　　黎曼几何的球面表示

1870 年,F. 克莱因也给出了罗氏几何的一个模型,呈现了另一种现实的解析。此外,克莱因还借助于变换群的观点统一了各种几何学。在此意义下,他把欧氏几何称为"抛物几何",因为其中的直线有一个无穷远点;把罗氏几何称为"双曲几何",因为其中的直线有两个无穷远点;而把黎曼几何称为"椭圆几何",因为其中的直线没有无穷远点。值得一提的是,黎曼几何可以在球面上实现。

下面让我们来比较阅读出现在三种几何里的让人惊奇的一些结论:

1. 三角形的内角之和

在欧氏几何里,三角形的内角之和等于 180 度;

在双曲几何里,三角形的内角之和小于 180 度;

在椭圆几何里,三角形的内角之和大于 180 度。

2. 正弦定理

设 α、β、γ 是三角形的三个内角,a、b、c 分别是对边的边长,则有如下结论:

(1) 欧氏几何中的正弦定理:$\dfrac{a}{\sin\alpha} = \dfrac{b}{\sin\beta} = \dfrac{c}{\sin\gamma}$。

(2) 椭圆几何中的正弦定理:$\dfrac{\sin a}{\sin\alpha} = \dfrac{\sin b}{\sin\beta} = \dfrac{\sin c}{\sin\gamma}$。

(3) 双曲几何中的正弦定理:$\dfrac{\sin ha}{\sin\alpha} = \dfrac{\sin hb}{\sin\beta} = \dfrac{\sin hc}{\sin\gamma}$。

其中双曲正弦函数 $\sinh x:=\dfrac{\mathrm{e}^x-\mathrm{e}^{-x}}{2}$。

3. 余弦定理

设 α、β、γ 是三角形的三个内角，a、b、c 分别是对边的边长，则有如下结论：

（1）欧氏几何中的余弦定理：$c^2=a^2+b^2-2ab\cos\gamma$。

（2）椭圆几何中的余弦定理：$\cos c=\cos a\cos b+\sin a\sin b\cos\gamma$。

（3）双曲几何中的余弦定理：

$$\cosh c=\cosh a\cosh b-\sinh a\sinh b\cos\gamma（第\text{ I }余弦定理）；$$

$$\cos\gamma=-\cos\alpha\cos\beta+\sin\alpha\sin\beta\cosh c（第\text{ II }余弦定理）。$$

其中双曲余弦函数 $\cosh x:=\dfrac{\mathrm{e}^x+\mathrm{e}^{-x}}{2}$。

非欧几何的创立，是自古希腊时代以来数学中的一次伟大革新。著名数学史与数学教育家 M. 克莱因在评价这一段历史的时候曾如是说：

非欧几何的历史以惊人的形式说明数学家受其时代精神影响的程度是那么厉害，当时萨凯里曾拒绝过非欧几何的奇异定理，并且断定欧氏几何是唯一正确的。但在一百年后，高斯、罗巴切夫斯基和亚诺什满怀信心地接受了新几何。

非欧几何的创立，完美地解决了由欧几里得第五公设引发的平行公理的独立性问题，由此推动了一般公理体系的独立性、相容性、完备性问题的研究，促进了诸多数学分支的形成与发展，如数的概念、分析基础、数学基础、数理逻辑等，公理化方法因此获得进一步的完善，成为现代数学的重要方法之一。

非欧几何的创立，使得几何学的研究冲出欧几里得体系的篱笆，走向无限广阔的原野。它的出现，对于人们的空间观念产生了极其深远的影响。它扩大了几何学研究的对象，使几何学的研究对象由图形的性质进入到抽象空间，即更一般的空间形式，使得几何的发展由原来以直观为基础的时代进入了一个以理性为基础的新时代。而这种观念的变化，亦推动着现代物理学以及其他自然科学和哲学的发展。

非欧几何的创立，让人们意识到数学空间与物理空间的不同，数学是人类精神的创造物，而不是对客观现实世界的直接临摹。尽管这样或多或少让数学丧失了对现实的确定性，不过却使数学获得了极大的自由，同时也让数学从自然界中解脱出来，继续着它自己的行程。恰如伟大的数学家、被誉为"现代集合论之父"的康托尔（Georg Cantor）所说：数学的本质在于它的自由。正因为如此，人类探索知识、建立理论的数学活动才永无止境。

3.2 20世纪的拓扑学简介

拓扑学的思想几乎存在于当今数学的所有领域。作为一门学科,拓扑学成形于19世纪,然后在20世纪取得了长足的进步。现如今,拓扑学本身已包含有诸多分支,如点集拓扑学、代数拓扑学和微分拓扑学,它们交响互动,融合在现代数学的蓬勃发展之中。

拓扑学的先声可以追溯到18世纪上半叶。话说在景致迷人的柯尼斯堡,城市间有普莱格尔河横贯其境,在河的中央还有一座美丽的小岛。普莱格尔河的两条支流环绕其间,把整个城区分为4个区域。著名的柯尼斯堡大学依偎在河的一边,为这一秀色宜人的城市增添了几多古雅与庄重的韵味!河上有七座各具特色的桥把岛和河岸连接起来。这一别致的桥群,古往今来,吸引了众多的人来此漫步!

不知何时起,当地的居民开始热衷于这样的一个有趣问题:

能不能设计一条路线,使得它既不重复又不遗漏地走遍这七座桥?

这就是闻名遐迩的"柯尼斯堡七桥问题"。

1736年,欧拉在一篇题为《关于一个位置几何学问题的解答》的论文中,十分巧妙地将具体的问题加以数学的抽象,最先给出了柯尼斯堡七桥问题的解。经由欧拉的证明思想,可以进一步得到如下的一般定理:

一个图可以通过欧拉路径完成(或者通俗地说,一笔画成),当且仅当图中度为奇数的顶点个数为0或者2。

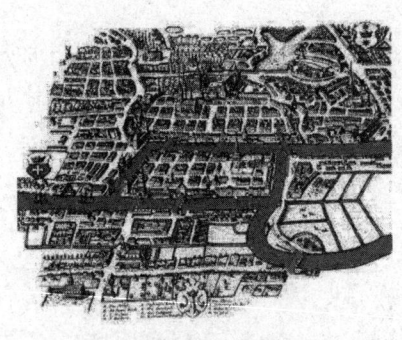
18世纪的柯尼斯堡

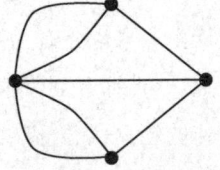
七桥问题的抽象图

若干年后,欧拉又描述了如下的一个著名结论——在现代数学中,它以"多面体的欧拉定理"著称:

多面体的欧拉定理:简单多面体的顶点数 V,棱数 E 以及面数 F 满足如下的关系式：
$$V - E + F = 2。$$

这里，一个多面体被称为是简单的，在直观上可以理解为，如果在这个多面体的内部吹气，它能够膨胀为一个球面。

上述定理曾出现在 1750 年 11 月欧拉写给哥德巴赫的一封信中。约在两年之后——那是 1752 年，欧拉在两篇论文中陈述了更多的细节。不过，他并没有给出完整的证明。

沿着欧拉开创的这条路线，紧随其后的是一位鲜为人知的瑞士数学家吕利耶 (Simon Lhuilier)——他一生的大部分时间都在研究与欧拉公式有关的问题。1813 年，吕利耶在发表的一部重要著作中说，对于一个三维欧氏空间中被钻通有 g 个开口的多面体的表面，他计算出其欧拉示性数（即 $V-E+F=2$）为 $2-2g$。用现代数学的语言来讲，这个多面体的边界是一个亏格为 g 的曲面。

在数学历史上，利斯廷 (Johann Benedict Listing) 或许是第一个使用拓扑学这个词的人。他的拓扑学思想主要归功于高斯，尽管高斯本人没有发表过任何有关拓扑学的著作。1847 年，在一篇题为《关于拓扑学的初步研究》的论文中，利斯廷介绍了复形的思想概念。不过相比而言，他于 1861 年发表的那篇论文更为重要。在后一论文中，利斯廷描述了默比乌斯带，还研究了曲面的连通性。

在阿贝尔 (Niels Henrik Abel) 的工作之后，黎曼在 1851 年的博士学位论文和 1857 年关于阿贝尔函数的论文中发展出我们现在称为"黎曼面"的概念。此外，黎曼还考虑了闭曲面 S 上的情况。他描述了如何沿着若干仅相交于一点的简单闭曲线将 S 切开而得到一个单连通曲面的步骤。此中蕴藏有现在称之为亏格的不变量。

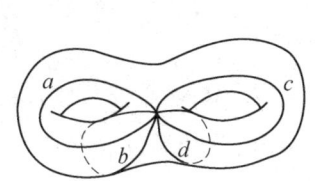 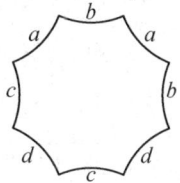

迪克 (Walther Dyck) 或许是第一个对拓扑学给出明确定义的人：拓扑学是研究那些在（有连续逆映射的）连续映射下的不变性质的一门学科。他可能也是第一个将高斯-博特公式以全局性的形式加以表述的人：

对于任何一闭曲面 M，有 $\chi(M) = \dfrac{1}{2\pi}\iint_M K dA$。

其中的 $\chi(M)$ 是欧拉-庞加莱示性类,K 是高斯曲率。这个定理为以后几何与拓扑学的相关研究提供了诸多的启迪。

庞加莱无疑是现代拓扑学的创立者。在 1881—1907 年撰写的有关位置分析 (Analysis situs)的一系列论文中,庞加莱勾勒出同调论的雏形,给出了贝蒂数的精确定义,描述了庞加莱对偶定理。此外,他还引入同伦的概念,定义了基本群以及与之相关联的覆叠空间的概念。庞加莱对黎曼曲面的单值化定理的描述对曲面的研究尤为重要。尽管其中还有不少细节有待完善,但是他已经给出了这一理论的基本概要。

这里是单值化定理的现代叙述:

任何黎曼曲面 S 的覆叠空间都共形等价于以下的三种情形之一:

(1) 黎曼球面 $\mathbf{C} \cup \infty$;(2) 复平面 $\mathbf{C}$;(3) 开单位圆盘 $D \subset \mathbf{C}$。

作为这个定理的一个简单推论是:

任何黎曼曲面都具备一个常曲率度量:在上述的情形 (1) $K=1$,情形 (2) $K=0$,情形 (3) $K=-1$。

尽管对三维流形的描述早于 15 世纪,可是对这类对象的数学研究仅开始于 20 世纪前夕。1898 年,希嘉德证明了如下的结论:

任何可定向的三维闭流形都可以被分解为两个具有相同亏格且沿着边界相交的环柄体的并。

这一定理为研究一般的三维流形提供了一个重要工具。

1904 年,庞加莱提出一个著名的问题——它将困扰数学家 100 年:

一个基本群平凡的三维闭流形是否一定同胚于三维球面 S^3?

问题的肯定回答就是著名的庞加莱猜想。

实际上,早在 1900 年,庞加莱就提出了如下的猜想:任意与球面有着相同同调群的流形都同胚于一个标准球面。但在 1904 年,他用希嘉德的方法发现了一个反例——后被命名为庞加莱十二面体空间(Poincaré's dodecahedral space),它与三维球面有着相同的贝蒂数和挠系数,但是它却不同胚于三维球面。

在 1910 年由德恩和希嘉德合著的一篇论文中,他们用一种现在被称为德恩手术 (Dehn surgery)的方法构造了无穷多类三维流形,它们都是同调球面,即与球面有着相同同调群、但是却不同胚于球面的流形。数学家们因此认识到庞加莱猜想将会是一个难题。

1919 年，亚历山大（James Alexander）证明了，存在有两个三维流形，它们具有相同的基本群以及相同的同调群，可是它们却不同胚。这一结果极大地提高了庞加莱猜想的门槛，同时也使得"庞加莱先生的这一猜想是对还是错"变得有点扑朔迷离。

1929 年，德国数学家克内泽尔（Hellmuth Kneser）证明了，对紧致的三维流形来说，其素分解是存在的。他的著名定理可表述如下：

任何紧致的三维流形 M 都同胚于一个由若干素三维流形构成的连通和 $M \cong P_1 \# \ldots \# P_k$。

这里，一个三维流形 M 称为是素的，如果它不同胚于 S^3，且若 M 中的一个二维球面将它分为两块的话，则其中必有一块同胚于 S^3。

30 多年之后，米尔诺完备了克内泽尔的这一结果，他于 1962 年证明了素流形的分解在不计次序且模掉同胚类的情形下是唯一的。

在已被了解的三维流形中，塞弗特纤维空间构成很重要的一类，它们是曲面上以圆为纤维空间的可纤维化流形，其中允许有限个被特殊限定的奇异纤维存在。相关的研究源自塞弗特（Herbert Seifert）完成于 1932 年的博士论文《三维可纤维化空间的拓扑学》(Topology of 3-dimensional fibred spaces)。

至 1936 年，庞加莱猜想成为数学世界中最著名的问题之一。此前已有两部非常出色的拓扑学教材出版：一部是塞弗特和思雷福尔（William Threlfall）所著《拓扑学教程》(1934 年)，另一部是亚历山德罗夫和霍普夫（Heinz Hopf）所著《拓扑学》(1935 年)。这两部书都因为将庞加莱的工作做了重要推广而声名卓著，且都特别强调了庞加莱猜想的重要性。

20 世纪 50 年代，可以列举两项有关三维流形的重要成果：一是莫伊兹证明了任何一个紧致的三维流形都可以被三角剖分，且这一三角剖分在 PL-同胚的意义下是唯一的；二是帕帕基里亚科普洛斯运用一种巧妙的"塔式"构造的方法证明了著名的德恩引理。作为引理的重要推论之一，我们有：

若 $K \subset \mathbf{R}^3$ 是一个简单闭 PL-曲线，则纽结 K 是平凡的当且仅当 $\pi_1(\mathbf{R}^3 \backslash K) \cong \mathbf{Z}$。

拓扑学的源起亦与分析学的严密化相关。早在 19 世纪 70 年代，源自对实数的严格定义，康托尔系统地展开了对欧氏空间中的点集的研究，并描述了许多拓扑概念，如聚点（极限点）、开集、闭集、稠密性、连通性等。在点集论的思想影响下，分析学中出现了泛函（即函数的函数）的观念，这终于导致抽象空间的诞生。

1906 年，弗雷歇（Maurice Fréchet）引进了度量空间的概念。在此基础上，豪斯多夫(Felix Hausdorff)于1914年前后用开邻域定义了比较一般的拓扑空间,标志着用公理化方法研究连续性的一般拓扑学的产生。随后波兰学派和苏联学派对拓扑空间的基本性质做了系统的研究,再经过20世纪30年代中期起布尔巴基学派的补充和整理,一般拓扑学趋于成熟,成为现代数学研究的共同基础。

对于欧氏空间中的点集的研究一直是拓扑学的重要部分,如今已发展成一般拓扑学与代数拓扑学交汇的领域。荷兰数学家布劳威尔(L. E. J. Brouwer)于1910—1912年提出了用单纯映射逼近连续映射的方法来研究一些重要的几何现象,并证明了不同维数的欧氏空间之间是不同胚的。通过引入映射度的概念以研究流形的同伦分类,他开创了不动点理论。随后亚历山大在1915年证明了贝蒂数与挠系数的拓扑不变性。

20世纪20年代,随着抽象代数学的兴起,埃米·诺特(Emmy Noether)提议将组合拓扑学建立在群论的基础上,在她的影响下,霍普夫定义了同调群。从此组合拓扑学逐步演变成利用抽象代数的方法研究拓扑问题的代数拓扑学。1945年前后,艾伦伯格(Samuel Eilenberg)与斯廷罗德(Norman Steenrod)以公理化的方式总结了当时的同调论,并于1952年完成《代数拓扑学基础》一书,对于代数拓扑学的传播、应用和进一步发展起了巨大的推动作用。

同伦群提供了从拓扑到代数的另一种过渡,它是由胡尔维茨(Witold Hurewicz)于1935—1936年引入的,用以研究拓扑空间的同伦分类。尽管同伦群的几何意义比同调群更明显,但是却极难计算。同伦群的计算,特别是相关球面的同伦群的计算问题刺激了拓扑学的发展,产生了丰富多彩的理论和方法。20世纪50年代,法国数学家塞尔利用勒雷所发明的谱序列这一代数工具,在同伦群的计算上取得了重要突破。

随着代数拓扑和微分几何的进一步发展,微分拓扑学亦在20世纪30年代重新兴起。1935年,惠特尼(H. Whitney)给出了微分流形的一般定义,并证明任何(紧致)微分流形总能嵌入到某一高维的欧氏空间中。为了研究微分流形上的向量场,惠特尼还提出了纤维丛的概念,从而使许多几何问题都与同调和同伦问题联系在一起。

法国数学家托姆于1953年提出了配边理论,由此开创了微分拓扑学与代数拓扑学并肩跃进的局面,许多困难的微分拓扑问题被化为代数拓扑问题而得到解决,同时也刺激了代数拓扑学的进一步发展。在配边理论的基础上,德国数学家希策布鲁赫证明了高维代数簇的黎曼—洛赫定理,米尔诺证明了七维球面上除了通常的微分结构,还有不同寻常的多种微分结构,阿蒂亚和辛格(I. M. Singer)给出了指标定理的最早证明。

米尔诺于1956年获得的结果——在七维流形上存在着28种本质上不同的微分结构开辟了一个全新的世界。他以一种出人意料之外的方法将拓扑学和分析学融合在一起,并因此开创了微分拓扑学的新纪元。数年之后,斯梅尔利用庞加莱首创、却由莫尔斯、米尔诺和庞特里亚金完善的论证方法,证明了五维及五维以上的庞加莱猜想。

1982 年,弗里德曼经过多年的努力,证明了四维情形的庞加莱猜想,而且完成了对所有闭的单连通四维流形的拓扑分类。他的工作直接影响唐纳森进一步的结果。弗里德曼的定理可部分地表述如下:

两个闭的单连通四维流形是同胚的当且仅当它们具有相同的双线性形式 β 和相同的 Kirby-Siebenmann 不变量 k。

这就是说,上述的这种流形由下列不变量唯一决定:

(1) 杯积 $\beta: H^2 \otimes H^2 \to H^4 \cong \mathbf{Z}$ 的同构类,其中 $H^k = H^4(M^4; \mathbf{Z})$;

(2) Kirby-Siebenmann 不变量 $k \in H^4(M^4; \mathbf{Z}_2) \cong \mathbf{Z}_2$。

特别地,如果 M^4 是一个同伦球面,则 $H^2=0, k=0$,从而 M^4 同胚于 S^4。不过,由于弗里德曼是运用极其不可微的方法证明了上述定理,因此还不知道是否每个光滑同伦四维球面一定与 S^4 微分同胚,也不知道 $k=0$ 时,什么样的四维流形会有微分结构以及微分结构何时在本质上是唯一的。

唐纳森的数学工作紧随弗里德曼。他于 1983 年用规范理论证明了出现在上述定理中的这些拓扑流形里很多都没有任何光滑结构。结合弗里德曼的工作和唐纳森解析结果带来更加令人称奇的结果:四维流形上可以存在不同的微分结构。尤其在四维欧氏空间中存在无穷多种不等价的微分结构。这和其他维数的欧氏空间形成了鲜明对比:

在欧氏空间 $\mathbf{R}^n (n \neq 4)$ 上仅存在有一种微分结构,即进行微积分计算的方法!

拓扑学的重要性,亦体现在它与其他数学领域的相互作用中。为了研究黎曼流形上的测地线,莫尔斯在 20 世纪 20 年代建立了非退化临界点理论——莫尔斯理论,将流形上光滑函数的临界点的指数与流形本身的贝蒂数联系在一起,促进了大范围分析学的发展。著名的阿蒂亚-辛格指标定理可谓是分析学与拓扑学结合的经典范例。在多复变函数论方面,来自代数拓扑学的层论已经成为基本工具。20 世纪 40 年代,陈省身引进了"陈示性类",建立了代数拓扑和微分几何的联系,极大地推动了整体微分几何学的发展。等等。因此 20 世纪法国著名数学家、布尔巴基学派的主将迪厄多内曾如是说:

代数拓扑学与微分拓扑学通过它们对于所有其他数学分支的影响,才真正应该名副其实地称为 20 世纪数学的女王。

3.3 瑟斯顿几何化猜想与里奇流

有如上面提到的,在二维的情形,每个曲面具有一个漂亮的几何结构。这个几何结构在曲面的亏格为 0 时是正常数曲率的球面,在曲面亏格为 1 时是曲率恒为 0 的平坦环面,而当曲面的亏格大于等于 2 时,则是曲率为负常数的曲面。20 世纪 80 年代,瑟斯顿猜想,类似的奇妙结果在三维空间也是可能发生的。

在三维的情形,每个有限体积的局部齐性流形都以下列 8 种齐性流形为模型。和二维的情形相仿,首先我们有常(截面)曲率的例子:

(1) 三维球面 S^3,其曲率为 $K \equiv 1$。

(2) 欧氏空间 $\mathbf{R}^3$,其曲率为 $K \equiv 0$。

(3) 双曲空间 H^3,其曲率为 $K \equiv -1$。

任何以 S^3 为模型的局部齐性流形都具有常正截面曲率。它们形如 S^3/Γ(其中 Γ 是 $SO(4)$ 的有限子群,自由地作用在 S^3 上),包括 S^3, $\mathbf{R}P^3$,透镜空间,以及 S^3 在正多面体的对称群作用下的商。这些流形被称为球面空间型。

紧致平坦三维流形的例子是平坦环面。这些 $\mathbf{R}^3$ 是在由平移构成的完全(即秩为 3 的)格作用下的商。任何以 $\mathbf{R}^3$ 为模型的局部齐性流形都有平坦度量。

以 H^3 为模型的局部齐性流形是完备双曲流形,即所有截面曲率都为 -1 的完备黎曼流形。存在有无穷多个互不微分同胚的紧致或者非紧致的有限体积的这类流形。由 Mostow 刚性定理可知,在等距意义下,每一个这样的三维流形最多容许一个完备的、有限体积的双曲度量。

其次我们有如下两类带乘积度量的齐性三维流形:

(1) $S^2 \times \mathbf{R}$。

(2) $H^2 \times \mathbf{R}$。

以 $S^2 \times \mathbf{R}$ 为模型的有限体积的局部齐性流形等距于 $S^2 \times S^1$ 或者 $\mathbf{R}P^3 \sharp \mathbf{R}P^3$。而以 $H^2 \times \mathbf{R}$ 为模型的有限体积的局部齐性流形或者形如 $\Sigma \times S^1$,这里 Σ 是一个有限面积的双曲曲面,或者被这样的流形有限覆盖。在后一种情形,这个流形是有限面积的二维双曲轨形(orbifold)上的塞弗特纤维空间。

最后,我们还有齐性流形 (M, g),这里 M 是一个单连通李群,g 是一个左不变度量。在这类三维流形中,容许有限体积的模型有如下三种:

(1) 由 3 阶严格上三角矩阵构成的幂单群(Heisenberg 群)N^3。以这个群为模型的局部齐性流形称为幂零流形。

(2) 可解群——可写为一个半直积 $\mathbf{R}^2 \times \mathbf{R}^*$,这里 $t \in \mathbf{R}^*$ 在 $\mathbf{R}^2$ 上的作用是对角

的,由矩阵 $\begin{pmatrix} t & 0 \\ 0 & t^{-1} \end{pmatrix}$ 给出。以这个群为模型的局部齐性流形称为可解流形。

(3) $G = \widehat{PSL}(2, \mathbf{R})$, $PSL(2, \mathbf{R})$ 的万有覆盖群。这个流形也可视为 H^2 的单位切丛的万有覆盖空间(带有诱导度量)。

1982年,瑟斯顿提出了著名的几何化猜想,它可表述如下:

每个闭的三维流形都可以由一些具有简单几何结构的块构造出来。确切地说,每个光滑的闭三维流形都可以沿着一些嵌入的二维球面和环面分解为一系列流形 M_j,其中的每一个 M_j 都可以被赋予一个有限体积的局部齐性黎曼度量(即以上述8种几何结构之一为模型)。

瑟斯顿几何化猜想比庞加莱猜想具有更强大的优势:它适用于所有三维可定向闭流形,因此将庞加莱猜想包含在其中。瑟斯顿证明了他的这一猜想中若干有趣而困难的情形,然而他没有证明更一般的情形,尤其是依然不能证明庞加莱猜想。

恰如约翰·米尔诺在他的一篇综述文章中所说,在瑟斯顿的工作之前,数学家们对庞加莱猜想是对还是错的意见并不一致。在他们看来,庞加莱猜想也许正确的唯一理由是无人能够找到反例。不过在瑟斯顿的工作之后,尽管它对庞加莱猜想并无直接影响,但人们一致认为庞加莱猜想(和几何化猜想)应该是对的。通过将最初的猜想纳入到一个更广阔的数学纲领中,然后赋予这个纲领以一些新颖的证据,导引出对庞加莱猜想之完证更为坚定的信念。

为了证明瑟斯顿的几何化猜想,理查德·哈密尔顿于20世纪80年代初在他的数学研究中引入了一种有力的工具——里奇流:$g'(t) = -2Ric(g(t))$。

在这一方程(组)的左边,是黎曼度量关于时间的导数——一族度量的变化率,而其右边则连接着里奇张量。

里奇流可以看作经典的热方程在两方面的推广。第一,它是关于张量而不是标量函数的。第二,它是一种非线性抛物方程组,其首项是张量的"热方程"。哈密尔顿希望借此方程来研究流形是如何通过它进行演化,从而得到几何化猜想。

经过20多年的研究努力,哈密尔顿在里奇流领域取得了一系列重要成果,比如

(1) "里奇流"的短时间存在性和唯一性。如果 g_0 是一个紧致流形上的某一光滑度量,则存在依赖于初始度量 g_0 的 $\varepsilon > 0$ 和里奇流方程的唯一解,它对于 $t \in [0, \varepsilon)$ 有定义,且满足 $g(0) = g_0$。

(2) 奇点形成处的曲率刻画。如果解在时间区间 $[0, T]$ 上存在,但不能扩充到任何更大的时间区间,则存在流形上的一点 x_0,使得当 $t \to T$ 时,度量 $g(t)$ 的曲率张量

$Rm(x_0, t)$ 无界。

对于具有非负里奇曲率的三维流形,哈密尔顿证明了如下的定理。

定理 3.3.1 设 M 是具有非负里奇曲率的紧致、连通的三维流形,则下述情形之一发生:

(1) 对所有充分小的 $t>0$,里奇曲率变得严格正。在这种情形,里奇流将在有限时间内产生奇点。而当奇点产生时,流形的直径趋于 0。若再对这个度量的演化族进行尺度变换使得它们的直径为 1,将导致一族度量光滑收敛到一个常正曲率度量。特别地,这个流形微分同胚于一个球面空间型。

(2) 存在这个黎曼流形的一个有限覆盖,它在诱导度量下是一个正曲率的紧致曲面和 S^1 在度量意义下的乘积。该里奇流在有限时间内将产生奇点,且相应的流形微分同胚于 $S^2 \times S^1$ 或者 $\mathbf{R}P^3 \sharp \mathbf{R}P^3$。

(3) 度量平坦而演化方程恒定。在此情形,易见这个流形被 T^3 有限覆盖。

特别地,所有这些流形都满足瑟斯顿几何化猜想的结论。

在另外一个极端,哈密尔顿分析了在一定的额外条件下,当 $t \to +\infty$ 时,相应的黎曼度量会如何变化,他能够证明:

定理 3.3.2 设在一个紧致、连通的三维黎曼流形 (M, g_0) 上,里奇流对所有 $t \in [0, \infty)$ 存在,且规范化的曲率 $t \cdot Rm(x, t)$ 当 $t \to +\infty$ 时有界,则下述两种情形之一发生:

(1) 该流形容许有一个平坦度量。

(2) 存在有限体积的完备双曲流形 H_i 的有限集合,以及对每个 $t \gg 1$,一个嵌入 $\varphi_t: \amalg_i H_i \to M$ 满足下列性质:尺度变换后度量的拉回 $\varphi_t^*(t^{-1}g(t))$ 在 $\amalg_i H_i$ 的每个紧子集上一致收敛于一个常负曲率度量,即双曲度量的伸缩形式。H_i 中平行于无穷远的环面被映到 M 中的不可压缩环面。φ_t 的像的余集有如下结构:它的所有素因子是边界环面不可压缩的塞弗特纤维化或者可解流形。

由此可以推出,如果以 (M, g_0) 为初始条件的里奇流满足上述定理的假设,则 M 满足瑟斯顿几何化猜想。

概言之,哈密尔顿的里奇流赋予我们在黎曼度量空间中一条前行的通道,如果从紧致流形上的任何一个黎曼度量出发,它可以产生度量的单参数族"收敛"到一个好的度量,由此来完成几何化猜想之证明。哈密尔顿可以在特殊情形下证明瑟斯顿的几何化猜想,不过在一般的情形,他的纲领中会出现一系列数学上的困难——其中最主要的挑战是,里奇流在有限时间内出现奇点,以及里奇流无限延拓的过程中可能会出现各种复杂的情形。

在 2002—2003 年投往 arXiv 网站上的一系列 3 篇预印本里,佩雷尔曼通过对里奇流生成的奇点进行极为精巧的分析,解决了所有哈密尔顿纲领中遇见的难题,从而完成了瑟斯顿的几何化猜想的证明。以下是相关的思想概述。

设想从满足规范化初始条件的里奇流开始,行进到奇点产生的(有限)时刻 T。可以证明,有限时间奇点在流形的两类区域发生:(1)第 I 类由流形的度量以一种可以控制的方式收缩的分支(比如,正里奇曲率分支收缩到一点)组成;(2)在第 II 类中,每个区域是一个细长管子,微分同胚于 $S^2 \times I$(管子区域),或者这样的细长管子并上一个末端具有正曲率的帽子(帽子区域)。让我们想象,佩雷尔曼来到奇点时刻 T,在此做相应的"手术":去掉所有第 I 类区域中的流形分支,以及在第 II 类区域里的细长管子的"大"端附近做手术,给它们粘上标准(或者几乎标准)度量的球体帽子。然后,再延拓带手术的里奇流到下一个奇异时刻 T_1。

在这个过程中,三维流形或许会改变拓扑类型。其变化的类型源自三种可能:

(1) 从流形里去掉一根管子 $S^2 \times I$,并在每一端粘上三维球体(管子手术)。

(2) 从流形里去掉一个三维球体,并粘上另一个(帽子手术)。

(3) 流形中的一个分支全部被去掉(分支坍缩手术)。

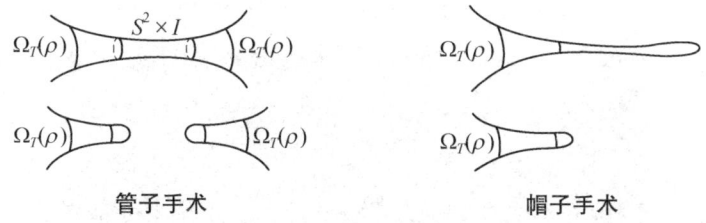

管子手术　　　　　　　　帽子手术

第一种类型的操作是通常的拓扑手术,将会达成一些连通和分解(它可能是平凡的,因为手术产生的一块可能是 S^3)。第二类操作在度量上有意义,但在拓扑上它没有变化。最后一类操作可以显著地改变拓扑,可是它依然满足几何化猜想的结论。因此,这些手术的拓扑效应是去掉一些已知满足瑟斯顿几何化猜想的分支,并且在别的分支上做手术,达成一些连通和的分解。从这里容易推出,如果手术后的流形满足瑟斯顿的几何化猜想,则手术前的流形也是满足的。

如此再取手术后的流形为初始条件延拓里奇流。这个过程或可以无限重复下去,产生带手术的流,它对所有正的时间有定义,且在任意有限时间区间内只有有限多次手术。最后,佩雷尔曼断言,哈密尔顿关于 $t \to +\infty$ 时极限性质的结论,在带手术的里奇流情形的类似物也是对的,即使没有规范化曲率的假设。由于对充分大时刻的流形满足瑟斯顿的几何化猜想,回溯穿过手术,我们看到初始的流形也满足猜想。于是,佩雷尔曼证明了瑟斯顿的几何化猜想,从而也完成了庞加莱猜想的证明。

还有一点注释是,如果我们只对庞加莱猜想或更一般的,基本群有限的流形感兴趣,则按照佩雷尔曼的分析事情可以再简化,因为此时带手术的里奇流在有限时间后将不复存在,因而不需要定理 3.3.2 的类似物。

相关话剧中的科学故事更多的内容以及细节可以参阅多纳尔·欧谢的科普著作《庞加莱猜想》,约翰·米尔诺关于低维拓扑以及庞加莱猜想的综述文章,以及摩根(J. Morgan)和田刚所著《里奇流和庞加莱猜想》(Ricci Flow and the Poincaré Conjecture)一书。

3.4 幸福结局问题

在话剧《佩雷尔曼的天空》的第三幕第一场中,出现了一个很有趣的数学问题:

设在平面上有 5 个点,其中每 3 点不在同一条直线上。求证:这 5 点中必有某四个点可构成一凸四边形。

关于这个问题,在网络上流传着一个美丽的爱情故事——主角名叫乔治·塞凯赖什和爱丝特·克莱因。

当乔治遇见爱丝特

时间的步履回溯到 1933 年,匈牙利数学家乔治·塞凯赖什(George Szekeres)只有 22 岁。他来自布达佩斯一个富裕的皮革商人家庭,自小即表现出非凡的数学天赋。由于家庭的影响,塞凯赖什在大学所学的是化学工程专业,不过数学之火始终在他的心中燃烧。那时,他常常和一群才华横溢的年轻数学家聚在一起讨论各类数学问题。这群人里面还有同样生于匈牙利的数学怪才——保罗·厄尔多斯(Paul Erdős)大神。不过当时,厄尔多斯只有 20 岁。还有一位天才,保罗·图兰(Paul Turán),他后来也成为一位举世闻名的数学家。

话说在一次数学聚会上,一位名叫爱丝特·克莱因的美女同学提出了这么一个命题:

在平面上随意画五个点(其中任意三点不共线),那么一定存在有四个点,它们构成一个凸四边形。

塞凯赖什和厄尔多斯等人想了好一会儿,也不知该怎么证明。于是,美女同学得意地宣布了她的证明:让我们关注这五个点构成的凸包(即覆盖整个点集的最小凸多边形),它只可能是五边形、四边形和三角形。

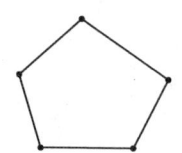 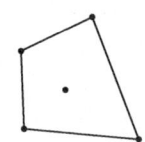 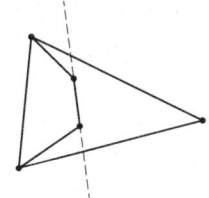

平面上 5 个点构成的凸包

如上图,前两种情形的结论是显然的。对于第三种情形,若将三角形内的两个点连成一条直线,则在三角形的三个顶点中,必有两个顶点在这条直线的同一侧,于是这四个点便构成了一个凸四边形。

众人大呼精彩。之后,厄尔多斯和塞凯赖什依然对这个问题念念不忘,于是尝试对其进行推广。他们于 1935 年发表论文,成功地证明了一个更强有力的结论:

对于任意一个正整数 $n \geqslant 3$,总存在一个正整数 m,使得只要平面上的点有 m 个(其中任意三点不共线),那么一定能从中找到一个凸 n 边形。

厄尔多斯后来将这类问题命名为"幸福结局问题"(Happy Ending problem),因为最初的这一问题让乔治·塞凯赖什和爱丝特·克莱因走到了一起,两人在 1936 年喜结连理。

对于一个给定的 n,若将最少需要的点数记作 $k(n)$,则求出 $k(n)$ 的准确值会是一个不小的挑战。由于平面上任意不共线三点都能确定一个三角形,因此 $k(3)=3$。上述爱丝特·克莱因问题的结论则可以简单地表示为 $k(4)=5$。利用一些比较复杂点的方法可以证明,平面上任意九个点都包含一个凸五边形,因此 $k(5)=9$。

2006 年,利用计算机的帮助,人们终于证明了 $k(6)=17$。可是,对于更大的 n,$k(n)$ 的值会是多少?进一步,$k(n)$ 有没有一个准确的表达式呢?这是数学中悬而未解的难题之一。

不管如何，乔治和爱丝特两人最后的结局真的很幸福。从相遇到相爱、再到相守的近70年里，他们先后到过中国上海和澳大利亚阿德莱德，最终在悉尼定居，从未分开过。作为一名数学家，乔治·塞凯赖什的研究兴趣极为广泛，他的数学足迹涉及代数、组合数学、数论、分析学、数值分析以及数学物理等。他还在组织和推广数学奥林匹克竞赛上做了大量工作。爱丝特则积极为高中生开展数学拓展项目。两人还一道合作，常为才华横溢的高中生开设数学问题课程，为国际数学奥林匹克竞赛出题，等等。2005年8月28日，乔治和爱丝特相继离开人世，相隔不到一个小时。

品读数学之美，漫步文化之桥。期待你和你们从这个美丽的故事中汲取一分数学文化前行的力量。尽管在多数人看来，数学是个让人厌烦的学科，可是一旦你品读到她的美，你也会爱上她，就像乔治爱上爱丝特那样。

参考文献

[1] 多纳尔·欧谢. 庞加莱猜想[M]. 孙维昆,译. 长沙:湖南科学技术出版社,2010.

[2] 玛莎·葛森. 完美的证明:一位天才和世纪数学的突破[M]. 胡秀国,程姚英,译. 北京:北京理工大学出版社.

[3] 埃里克·坦普尔·贝尔. 数学大师:从芝诺到庞加莱[M]. 徐源,译. 上海:上海科技教育出版社,2012.

[4] 佩捷,李莹英,郭梦舒. 从庞加莱到佩雷尔曼:庞加莱猜想的历史[M]. 哈尔滨:哈尔滨工业大学出版社,2013.

[5] 吴文俊. 世界著名数学家传记[M]. 北京:科学出版社,1995.

[6] HAMILTON R S. Three-manifolds with positive Ricci curvature [J]. Journal of differential geometry, 1982,17(2):255-306.

[7] HAMILTON R S. The formation of singularities in the Ricci flow [C]//Surveys in differential geometry, Vol. II. Cambridge: International Press, 1995:7-136.

[8] HAMILTON R S. Non-singular solutions of the Ricci flow on three-manifolds [J]. Communications in analysis and geometry, 1999,7(4):695-729.

[9] MILNOR J. Towards the Poincaré conjecture and the classification of 3-manifolds [J]. Notices of the American mathematical society, 2003, 50(10): 1226-1233.

[10] MILNOR J. Differential topology forty-six years later [J]. Notices of the American mathematical society, 2011,58(6):804-809.

[11] MILNOR J. Topology through the centuries: low dimensional manifolds [J]. Bulletin of the American mathematical society, 2015,52(4):545-584.

[12] THURSTON W P. Hyperbolic structures on 3-manifolds. I. Deformation of acylindrical manifolds [J]. Annals of mathematics, 1986,124(2):203-246.

[13] MORGAN J, TIAN G. Ricci flow and the Poincaré conjecture [M]. Providence: American Mathematical Society, 2007.

[14] PERELMAN G. The entropy formula for the Ricci flow and its geometric applications [EB/OL]. (2002-11-11)[2023-07-20]. https://arxiv.org/abs/math/0211159.

[15] PERELMAN G. Finite extinction time for the solutions to the Ricci flow on certain three-manifolds [EB/OL]. (2003 - 07 - 17) [2023 - 07 - 20]. https://arxiv.org/abs/math/0307245.

[16] PERELMAN G. Ricci flow with surgery on three-manifolds [EB/OL]. (2003 - 03 - 10) [2023 - 07 - 20]. https://arxiv.org/abs/math/0303109.